高分手绘营

董成 著

景观设计 手绘效果图表现

華中科技大學出版社
http://www.hustp.com
中国·武汉

内容简介

景观设计手绘效果图表现在当今环境艺术设计中占据着重要地位。本书从景观手绘基础入手，循序渐进讲解景观手绘线稿表现、着色表现、步骤表现等内容，并重点讲述了马克笔的运笔技巧、配色方法等。本书精选了大量景观手绘案例，列出详细绘制步骤，并以注释的形式分析了案例中的表现细节和要点。本书制定了19天高分手绘训练计划，能帮助读者在短期内迅速提升，完成单体表现、快题设计等一系列手绘图稿练习，力求在各类考试中取得满意的成绩。本书适合大中专院校艺术设计、景观设计专业在校师生阅读，同时也可作为相关专业研究生入学考试的重要参考资料。

图书在版编目（CIP）数据

高分手绘营：景观设计手绘效果图表现 / 董成著 . — 武汉：华中科技大学出版社，2020.10

ISBN 978-7-5680-6660-0

Ⅰ . ①高 … Ⅱ . ①董 … Ⅲ . ①景观设计－效果图－绘画技法－高等学校－教材 Ⅳ . ① TU986.2

中国版本图书馆 CIP 数据核字 (2020) 第 185154 号

高分手绘营：景观设计手绘效果图表现

Gaofen Shouhuiying Jingguan Sheji Shouhui Xiaoguotu Biaoxian

董成 著

责任编辑：杨 靓 梁 任

装帧设计：金 金

责任校对：周怡露

责任监印：朱 玢

出版发行：华中科技大学出版社（中国·武汉） 电 话：（027）81321913

武汉市东湖新技术开发区华工科技园 邮 编：430223

印 刷：武汉市金港彩印有限公司

录 排：天津清格印象文化传播有限公司

开 本：889mm×1194mm 1/16

印 张：11

字 数：256千字

版 次：2020年10月第1版第1次印刷

定 价：72.00元

前言

多年来，本人一直都在从事景观设计手绘效果图表现方面的研究，无论是教学还是实践，希望能总结出一套“极速秘籍”，快速提升考生的绘图效率，然而多次实践证明，深入的景观设计手绘效果图需要大量繁琐的线条和笔触来表现，仅是绘制这些线条就需要不少时间。在这本书中，所有景观设计手绘效果图不仅是在极短的时间内完成，而且将形体结构、透视空间和色彩搭配整合在一起，表现出深入、完整的画面效果。

景观设计手绘效果图表现的技术难点主要在于，大多考生是从室内设计手绘效果图表现开始学习的，对形体结构与体块表现比较熟悉，但是对景观设计中的绿化植物、水景等活体形象的表现没有经验，往往景观的主体构造画得很好，但是各种树木画完后看上去很机械。克服这种困难的关键在于，深入观察生活中的绿化植物、水景、山石、天空等物象，自主拍摄构图、采光、色彩均佳的摄影作品并进行分析、临摹，通过摹画自己的摄影作品来提升对这些表现对象的认知。

在景观设计手绘效果图表现过程中，对绿化植物的表现技法没有固定的运笔模式，也没有哪一所院校倾向于某一种表现技法。绿化植物表现得好坏，不是取决于表现技法，而是取决于考生对体积与色彩的认识。注意观察不同植物外轮廓剪影的形态，将整体形态分 2 ~ 3 个单元，再逐个进行体积表现，搭配浅、中、深三种同系列马克笔着色，就能达到良好的视觉效果。水景、山石、天空等物象的表现也是如此。景观构图中的全部物象都练习熟练后，还要针对设计对象的主次来进行取舍，细致表现主体景观对象，简化表现辅助景观对象，尤其是简化表现技法需要参考本书案例进行练习。

希望这本书能给学习手绘效果图表现的设计师、大中专院校学生、美术爱好者带来帮助，也希望读者提出宝贵意见，永远支持手绘事业。

本书由艺景设计手绘教育董成老师著，参与本书编写的人员有：万丹、万财荣、杨小云、万阳、汤留泉、高振泉、汤宝环。

著者

目录

19 天高分手绘训练计划

第 1 天	准备工作	购买各种绘制工具（笔、纸、尺规、画板等），熟悉工具的使用特性，尝试着临摹一些简单的家具、小品、绿化植物、配饰品等。根据本书的内容，纠正不良的绘图习惯，从握笔姿势、选色方法入手，强化练习运笔技法。
第 2 天	形体练习	对各种线条进行强化训练，掌握长直线的绘画方法，严格控制线条交错的部位，要求对圆弧线、自由曲线的绘制一笔到位。无论以往是否系统地学过透视，现在都要配合线条的练习重新温习一遍，透彻理解一点透视、两点透视、三点透视的原理。
第 3 天	前期总结	对前期的练习进行总结，找到自己的弱点加强练习，以简单的小件物品为练习对象，可先临摹 2 ~ 3 张 A4 幅面线稿，再对照实景照片绘制 2 ~ 3 张 A4 幅面线稿。
第 4 天	单体线稿	临摹 2 ~ 3 张 A4 幅面景观单体线稿，注重单体物件形体的透视比例与造型细节，采用线条来强化明暗关系，再对照实景照片，绘制 2 ~ 3 张 A4 幅面简单的景观单体物品。
第 5 天	空间线稿	临摹 2 ~ 3 张 A4 幅面景观空间线稿，注重空间构图与消失点的设定，融入陈设品与绿化植物等，采用线条来强化明暗关系，再对照实景照片，绘制 2 ~ 3 张 A4 幅面简单的景观空间线稿。
第 6 天	着色特点	临摹 2 ~ 3 张 A4 幅面景观材质，注重材质自身的色彩对比关系，着色时强化记忆材质配色，区分不同材质的运笔方法。分清构筑物的结构层次和细节，对必要的细节进行深入刻画。
第 7 天	单体着色	先临摹 2 ~ 3 张 A4 幅面小品构筑物，厘清小品构筑物的结构层次，特别注意转折明暗交接线部位的颜色，再对照实景照片，绘制 2 ~ 3 张 A4 幅面简单的小件物品。
第 8 天	空间着色	先临摹 2 ~ 3 张 A4 幅面线稿，以简单的景观空间为练习对象，再对照实景照片，绘制 2 ~ 3 张 A4 幅面简单的园林景观空间效果图。
第 9 天	中期总结	自我检查、评价前期关于景观单体表现的绘画图稿，总结形体结构、色彩搭配、虚实关系中存在的问题，将自己绘制的图稿与本书作品对比，重新修改绘制存在问题的图稿。

第 10 天	水体景观	参考本节关于水体景观的绘画步骤图，搜集 2 张相关实景照片，对照照片绘制 2 张 A3 幅面水体景观效果图，注重水体的反光与高光，深色与浅色相互衬托。
第 11 天	喷泉水景	参考本节关于喷泉水景的绘画步骤图，搜集 2 张相关实景照片，对照照片绘制 2 张 A3 幅面喷泉水景效果图，注重水体的反光与高光，深色与浅色相互衬托。
第 12 天	庭院景观	参考本节关于庭院景观的绘画步骤图，搜集 2 张相关实景照片，对照照片绘制 2 张 A3 幅面庭院景观效果图，注重绿化植物的色彩区分，避免重复使用单调的绿色来绘制植物。
第 13 天	屋顶景观	参考本节关于屋顶景观的绘画步骤图，搜集 2 张相关实景照片，对照照片绘制 2 张 A3 幅面屋顶景观效果图，注重画面的虚实变化，避免喧宾夺主。
第 14 天	景观小品	参考本节关于景观小品的绘画步骤图，搜集 2 张相关实景照片，对照照片绘制 2 张 A3 幅面景观小品效果图，注重画面的虚实变化，避免喧宾夺主。
第 15 天	建筑景观	参考本节关于建筑景观的绘画步骤图，搜集 2 张相关实景照片，对照照片绘制 2 张 A3 幅面建筑景观效果图，注重地面的层次与天空的衬托，重点描绘 1 ~ 2 处细节。
第 16 天	快题立意	根据本书内容，建立自己的景观快题立意思维方式，列出快题表现中存在的绘制元素，如植物、小品、建筑等，绘制并记忆这些元素，绘制 2 张 A3 幅面小区、公园、校园、广场的平面图，厘清空间尺寸与比例关系。
第 17 天	快题实战	实地考察周边住宅小区，或查阅、搜集资料，独立设计构思较小规模住宅小区的平面图，设计并绘制重点部位的立面图、效果图，编写设计说明，1 张 A2 幅面。
第 18 天	快题实战	实地考察周边街头公园，或查阅、搜集资料，独立设计构思较小规模公园的平面图，设计并绘制重点部位的立面图、效果图，编写设计说明，1 张 A2 幅面。
第 19 天	后期总结	反复自我检查、评价绘画图稿，再次总结其中形体结构、色彩搭配、虚实关系中存在的问题，将自己绘制的图稿与本书作品对比，快速记忆和调整存在问题的部位，以便在考试时默画。

01

景观手绘表现概述

识别难度

★☆☆☆☆

核心概念

手绘运用、绘图工具。

章节导读

设计师用手绘来表现自己设计的图像，是一种在有限的时间和空间内最便捷的交流方式。良好的工具材料对手绘表现也起着非常重要的作用。

1.1 手绘的正确认识

手绘的特点是能比较直接地传达作者的设计理念，使作品生动、亲切，体现一种回归自然的情感因素。手绘是眼、脑、手协调配合的表现。手绘有助于提高作者的观察能力、表现能力、创意能力和整合能力。手绘效果图通常是作者思想初衷的体现，并且能和作者的创意同步。一个好的创意是作者最初设计理念的延续，而手绘效果图则是设计理念最直接的体现。

1.2 手绘在景观设计中的运用

目前在景观设计中，手绘已经是一种流行趋势，许多设计师常用手绘作为表现手段。手绘是设计师表达情感、设计理念和设计方案最直接的视觉语言。手绘作为一种表达设计的手段，属于设计前期的部分，它能够形象而直观地表达景观空间结构关系和整体环境氛围，并且是一种具有很强的艺术感染力的设计表达方式。

手绘贴士

绘图工具的购买根据个人水平能力来定。在学习初期，画材的消耗量较大，待操作熟练、水平提升后，画材的消耗就会趋于稳定，因此，初期可以购买性价比高的产品，后期再购买品质较高的产品。制订一个比较详细的学习计划，将日程细化到每一天甚至每半天，根据日程来控制进度，至少每天都要动笔练习，这样才能快速提升手绘效果图表现的水平。

用简约的笔触表现天空云彩，用于衬托建筑与山。

绿化植物颜色较深，应表现出绿化植物的体积感。

近处户外家具是表现重点，色彩对比强烈，效果突出。

▲景观手绘效果图

1.3 景观手绘常用的工具

购买各种绘制工具（笔、纸、尺规、画板等），熟悉工具的使用特性，尝试着临摹一些简单的家具、小品、绿化植物、配饰品等。根据本书的内容，纠正不良的绘图习惯，从握笔姿势、选色方法入手，强化练习运笔技法。

在手绘效果图的绘制过程中，良好的工具对手绘表现起着非常重要的作用。不同的工具能够产生不同的表现结果。设计者应该根据表现对象的特点，结合平时所积累的手绘经验，总结出适合自己的绘图工具，熟练地掌握绘图工具的特性和表现技巧是取得高质量手绘效果图表现的基础。

1.3.1 绘画用笔

1. 铅笔

铅笔在手绘中的运用非常普遍，因为它可快可慢，可轻可重，所绘出的线条非常灵活。一般选择 2B 铅笔绘制草图。太硬的铅笔有可能在纸上留下划痕，在修改的时候纸上可能会留有痕迹，影响美观。太软的铅笔硬度又不够，很难对形体轮廓进行清晰的表现。绘画者可以根据个人习惯来选择不同粗细的铅芯，0.7mm 的铅芯比较适合。此外，传统铅笔需要经常削，也不好控制粗细，因此，大多数人更愿意选择自动铅笔。

2. 绘图笔

绘图笔是一个统称，主要包括针管笔、签字笔、碳素笔等。笔尖较软，用起来手感很好，而且绘图笔画出来的线条十分均匀，适合细致地勾画线条，画面会显得很干净。根据笔头的粗细，绘图笔可分为不同型号，可以按需购买。初学者练习比较多，可以选择中低端品牌产品，价格便宜，性价比很高；待水平提升后，再根据实际情况选择高档产品。

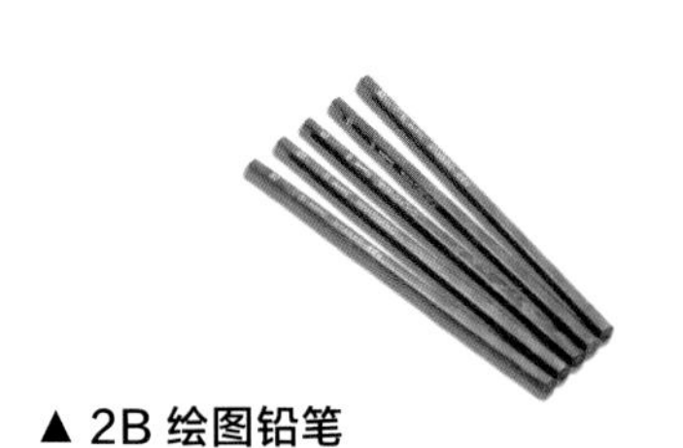

▲ 2B 绘图铅笔

▲自动铅笔

▲绘图笔

3. 美工钢笔与草图笔

与普通钢笔的笔尖不同，美工钢笔的笔尖是扁平弯曲状的，适合勾画硬朗的线条。初学者可以选择普通美工钢笔，后期最好选择品牌钢笔，如红环、凌美等。草图笔画出来的线条比较流畅，粗细可控，能一气呵成画出草图，但是比一般针管笔粗。目前，派通牌草图笔用得比较多。

▲美工钢笔

▲草图笔

4. 马克笔

马克笔又称麦克笔。手绘的主要上色工具是马克笔。马克笔有酒精性（水性）与油性两种，通常选用酒精性（水性）马克笔。马克笔两端有粗笔头和细笔头，可以绘制粗细不同的线条。马克笔的品牌不同，笔头形状和大小也有区别。马克笔具有作图快速、表现力强、色泽稳定、使用方便等特点，越来越受到设计者的青睐。全套马克笔的颜色可达 300 种，一般根据个人需要购买即可。初学者可以选购 Touch 牌 3 代或 4 代，性价比较高。对品质要求高的可以选择犀牛牌、AD 牌等，颜色更饱满，墨水更充足，价格也更高。当马克笔墨水用尽时，可以用注射器注入少量酒精，可以在一定程度上延续马克笔的使用寿命。

▲酒精

5. 彩色铅笔

彩色铅笔是比较容易掌握的涂色工具，画出来的效果类似铅笔，一般建议选择水溶性彩色铅笔，因为它能够很好地与马克笔结合使用。彩色铅笔有单支系列、12 色系列、24 色系列、36 色系列、48 色系列、72 色系列、96 色系列等，一般根据个人需要购买即可。

▲马克笔

▲水溶性彩色铅笔

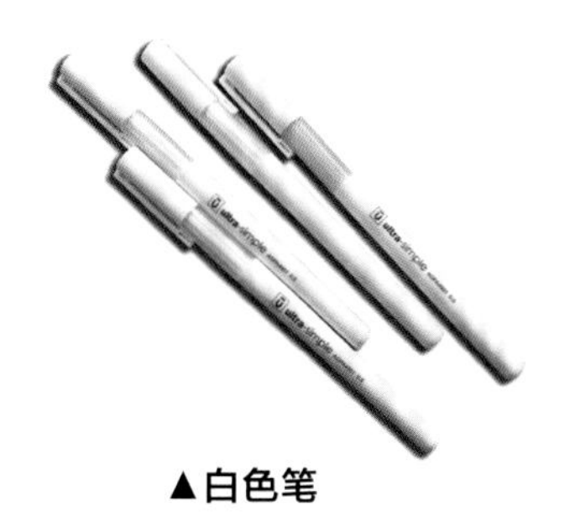

▲白色笔

▲涂改液

6. 白色笔

白色笔是在效果图表现中提高画面局部亮度的好工具。使用方法和普通中性笔相同，只是运用部位应当在深色区域，否则无法体现白色效果。但是白色笔的覆盖性能比不上涂改液，不能作为大面积涂白使用。

7. 涂改液

涂改液的作用与白色笔相同，只是涂改液的涂绘面积更大，效率更高，适合反光、高光、透光部位点绘。涂改液一般用于最后一个步骤，覆盖涂改液后就不应再用马克笔或彩色铅笔着色。当然，也不能完全依靠马克笔来修复灰暗的画面效果，否则画面会显得苍白无力。

1.3.2 绘画用纸

1. 复印纸

普通复印纸因其性价比高而运用普遍，初学者刚开始学习手绘时，建议选择复印纸来练习。这种纸的质地适合铅笔、绘图笔和马克笔等多种绘图工具表现。

2. 拷贝纸和硫酸纸

拷贝纸和硫酸纸都是半透明纸张，适合设计者在工作中用来绘制和修改方案，或者进行拓图。拷贝纸相对比较便宜，在前期做方案的时候都会使用拷贝纸来进行绘图。而硫酸纸价格相对较贵，而且不容易反复修改，所以初学者最好使用拷贝纸来训练。

▲复印纸

▲拷贝纸

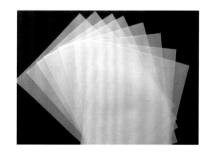

▲硫酸纸

1.3.3 相关辅助工具

1. 尺规

常见的尺规有直尺、丁字尺、三角尺、比例尺和平行尺等，直尺用于绘制较长的透视线，方便精准定位。丁字尺能在较大的绘图幅面上定位水平线。三角尺用于绘制常规构造和细节。比例尺用于绘制彩色平面图的精确数据。平行尺是三角尺的升级工具，可以连续绘制常规的构造线。

尺规可以较准确地强调效果图中的直线轮廓，可根据需求选购。对于初学者来说，必要的时候应当使用尺规来辅助绘图。

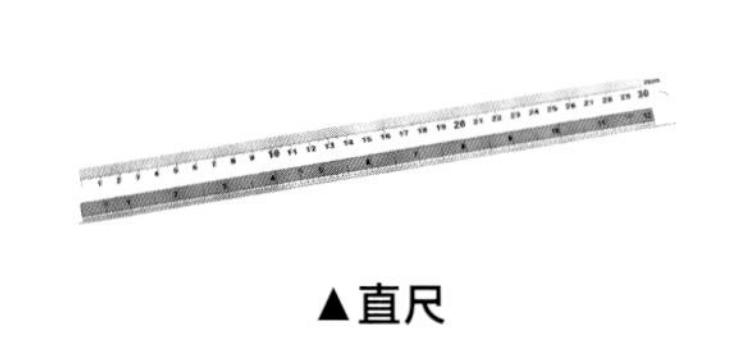

▲直尺

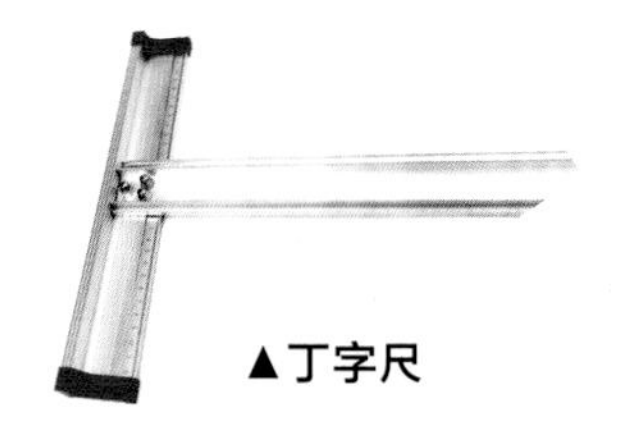

▲丁字尺

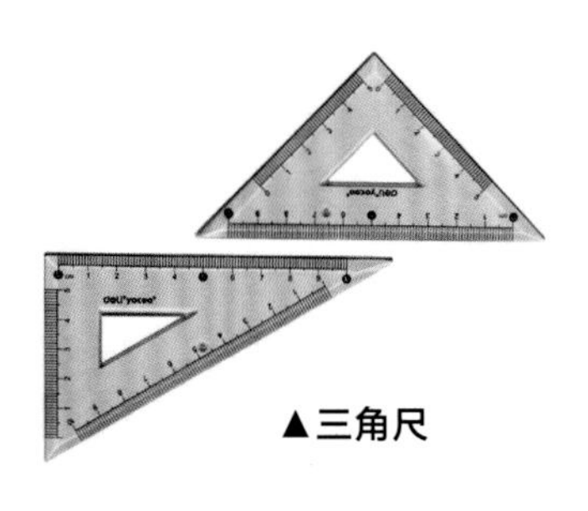

▲三角尺

▲比例尺

▲平行尺

2. 橡皮

橡皮可分为软质橡皮、硬质橡皮与可塑橡皮三种。软质橡皮使用最多，用于擦除较浅的铅笔轮廓。硬质橡皮用于擦除纸面被手指摩擦污染的痕迹。可塑橡皮用于减弱彩色铅笔绘制的密集线条。对于有一定绘画经验的设计师，一般很少用到橡皮。但是，常备橡皮能方便修改细节，保持画面干净整洁。

▲软质橡皮

▲硬质橡皮

▲可塑橡皮

02

手绘的基本要素

识别难度

★★☆☆☆

核心概念

线条练习、一点透视、两点透视、三点透视。

章节导读

本章介绍正确的握笔姿势、线条表现技法和透视绘制技法。掌握严谨的透视方法才能完美表现效果图的形体结构，为后期着色奠定良好基础。

对各种线条进行强化训练，掌握长直线的绘画方法，严格控制线条交错的部位，要求对圆弧线、自由曲线的绘制一笔到位。无论以往是否系统地学过透视，现在都要配合线条的练习重新温习一遍，透彻理解一点透视、两点透视、三点透视的原理。

2.1 正确的握笔姿势

手绘效果图时需要注意握笔姿势。握笔时，笔尽量放平，笔尖与纸面保持一定角度。小指轻轻放在纸上，压低笔身，再开始画线，这样可以把手指当作一个支撑点，能够稳住笔尖，画出比较直的线条。握绘图笔或中性笔的手法与普通书写笔无差异。画横线时，手臂要随着手一起运动；画竖线时，运用肩部来移动，短的竖线也可以用手指来移动，这样才能保证绘画快、线条直。当基础手绘练习得比较熟练时，可以将笔尖拿得离纸张远一点，从而提高手绘速度。运笔时要控制笔的角度，保证倾斜的笔头与纸张全部接触。正面握笔角度为45° 左右，侧面握笔角度为75° 左右。

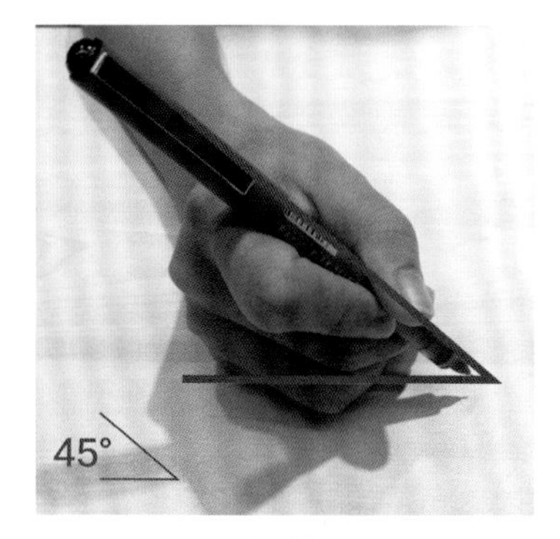

▲正面握笔

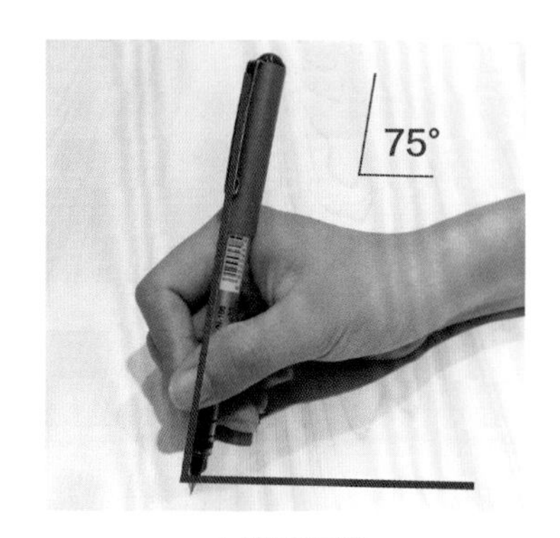

▲侧面握笔

2.2 线条表现技法

线条是塑造表现对象的基础，几乎所有的效果图表现技法都需要一个完整的形体结构。线条结构表现图的用途很广泛，包括设计工作的方方面面，如搜集素材、记录形象、设计草案、画面表现等。想要快速掌握正确的绘制方法需要长期训练，考生可以抓住生活中的瞬间场景，时常绘制空间形体，有助于熟悉线条的表现能力。

考生可通过前期不同类型线条的练习掌握线条的习性，通过线条的组合了解快速线条的排列。要求运笔速度均匀，有一定的疏密变化。

2.2.1 线条

线条是手绘设计表现的基本构成元素，也是造型元素中重要的组成部分。空间的结构转折、细节处理都是通过线条来体现的。不同的线条代表着不同的情感色彩，画面的氛围控制也与不同线条的表现有着紧密的关系。在表达过程中，绘制出来的线条具有轻重和疏密之分。在表达空间时，线条能够提示界限与尺度。在表现光影时，线条能反映亮度与发散方式。线条是手绘表现的重要根本，是学习手绘的第一步。

注意线条的虚实变化与光影关系处理技巧。背光面的线条实，受光面的线条虚；转折结构线实，纹理线虚；地面接触线实，天空轮廓线虚。注意画面黑白灰关系的处理。一幅画面应设置合理的光影关系，投影在画面中的渐变关系从靠近物体往外逐渐减弱。

线条的形式看起来很复杂，可分为直线和曲线两大类。直线包括竖直线、水平线和斜线。曲线的线条形式比较丰富，但基本上都是波浪状线条的各种变化。线条笔触的变化还包括快慢、虚实、轻重等关系。线条的不同使用技巧是画面表达感染力的重要手段，掌握多种不同的线条表现技法是设计师必备的本领，在表达一个完整的空间之前，要建立一个完整的认识，这样才能进一步表现。

木制墙面构造采用竖向不规则线条绘制，表现出木纹的粗糙感。

简化表现远处乔木，完整绘制形体轮廓，概括表现光影关系。

细化表现近处绿化盆栽的形体，加深叶脉暗部，形成一定的体积感。

▲景观效果图线稿

要想快速提升手绘设计水平，系统地练习并掌握线条的特性是必不可少的。各种线条的组合能排列出不同的效果，线条与线条之间的空白能形成视觉差异，呈现不同的材质感觉。考生也可以直接在空间中练习，通过画面的空间关系控制线条的疏密、节奏，体会不同的线条对空间氛围的影响，不同的线条组合、方向变化、运笔急缓、力度把握等都会产生不同的画面效果。此外，经常用线条表现一些物品，将笔头练习当作生活习惯，可以快速提高表现能力，树木、花草、家具都是很好的练习对象。下面介绍几种线条的表达方式以及相关的技巧。

绘制线条时不要心急，切忌连笔、带笔，笔尖与纸面最好保持 75° 左右，使整条图线均匀一致。绘制长线条时不要一笔到位，可以分多段线条来拼接，接头保持空隙，但空隙的宽度不宜超过线条的粗度。线条过长可能会难以控制它的直度，可以先用铅笔作点位标记，再沿着点位标记来连接线条，绘图笔的墨水线条最终遮盖了铅笔标记。绘制整体结构时，外轮廓的线条应该适度加粗，尤其是转折和地面投影部位。

掌握多种线条技法是设计师必备的本领。本节对不同类型的线条进行详细介绍。

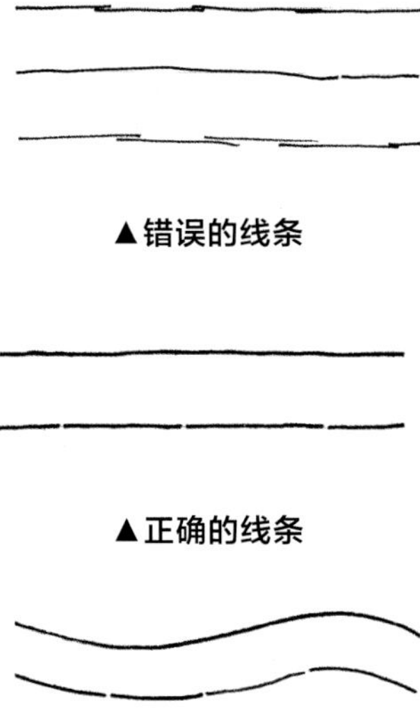

▲错误的线条

▲正确的线条

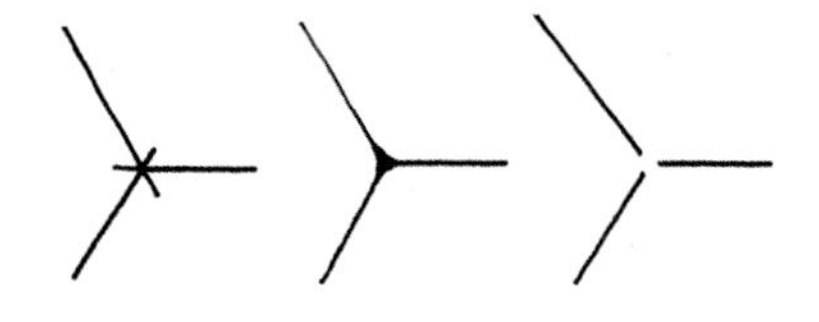

▲线条的交错

▲正确的曲线

▲分点绘制长线

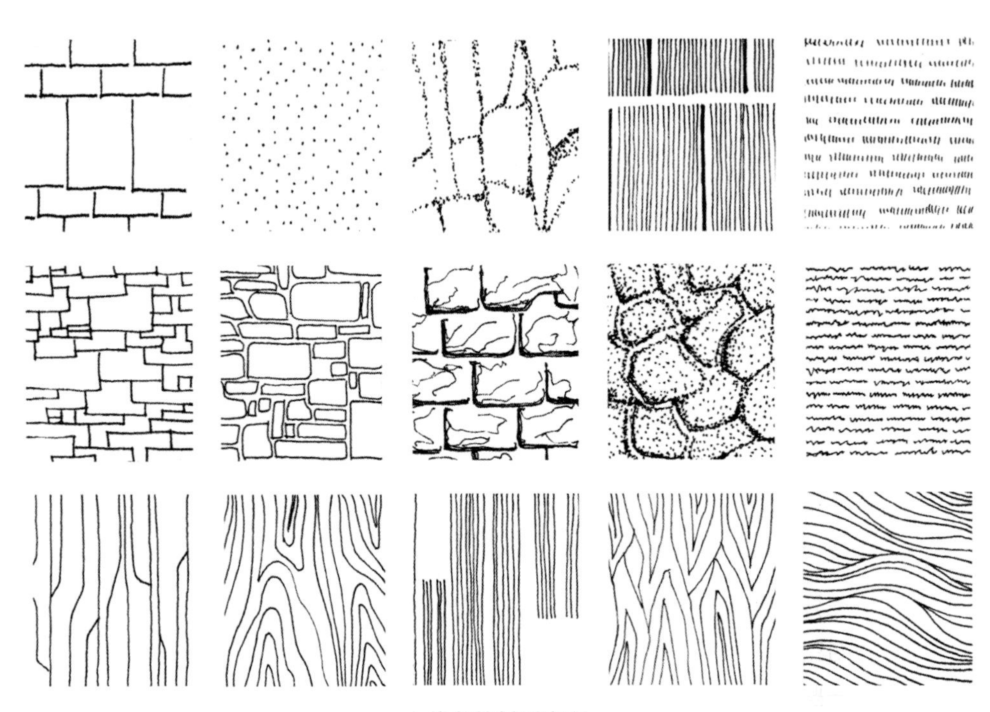

▲线条的材质表现

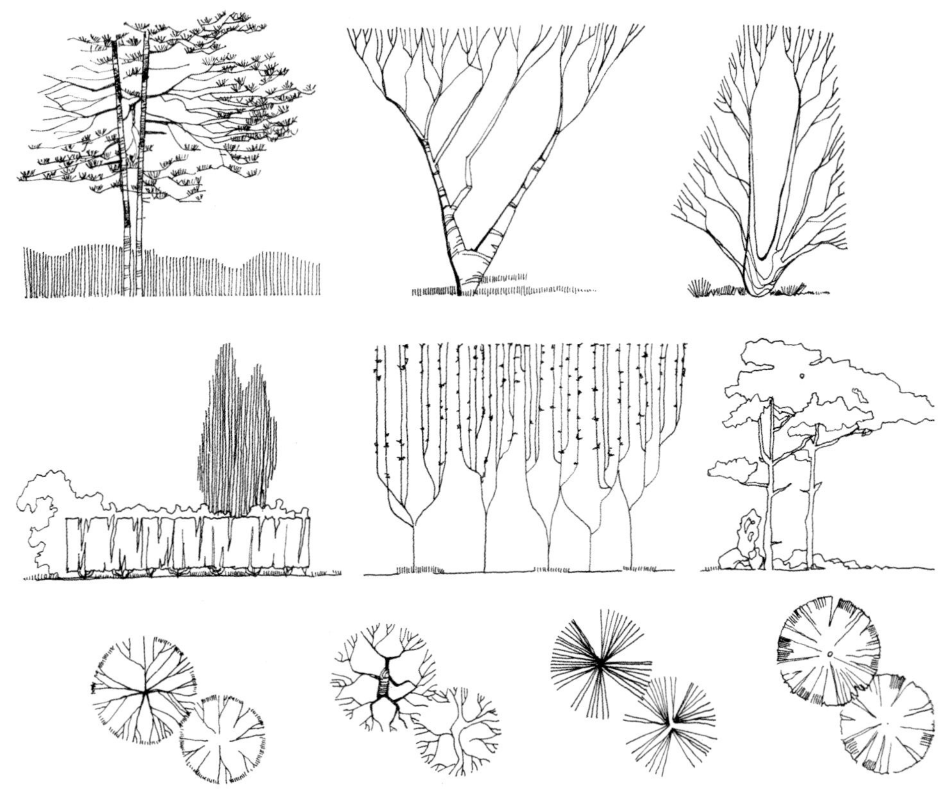

▲线条绘制树木

2.2.2 直线

直线在徒手表现中最为常见，也是最主要的表达方式，大多数形体都是由直线构成的，因此，掌握好直线的表现技法很重要。直线的表达方式有两种，一是尺规，二是徒手。这两种表现形式可根据不同情况进行选择。

慢线比较容易掌握，画慢线时如果眼睛盯着笔尖画，画出的线条不够灵动。但是如果构图、透视、比例等关系处理得当，慢线也可以画出很好的效果。快线所表现的画面比慢线更具视觉冲击力，绘制的图更加清晰、硬朗，富有生命力和灵动性，但是较难把握。快线是一气呵成，但是容易出错，修改不方便。画出来的线条一定要直，并且干脆利索又富有力度。逐渐增加绘制线条的长度，并提高画线的速度，循序渐进，就能逐步提高徒手画线的能力，画出既直又活泼的线条。

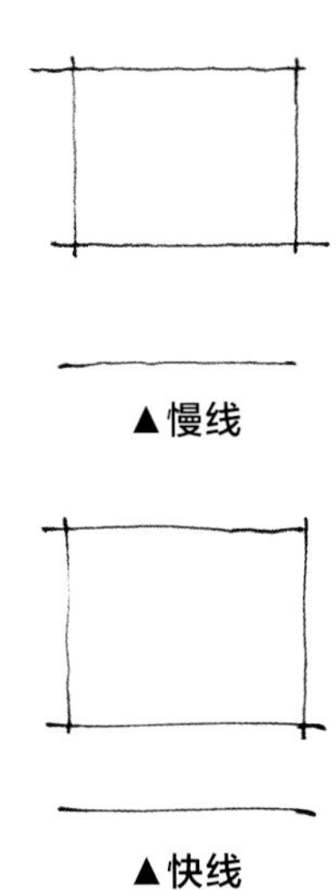

▲慢线

▲快线

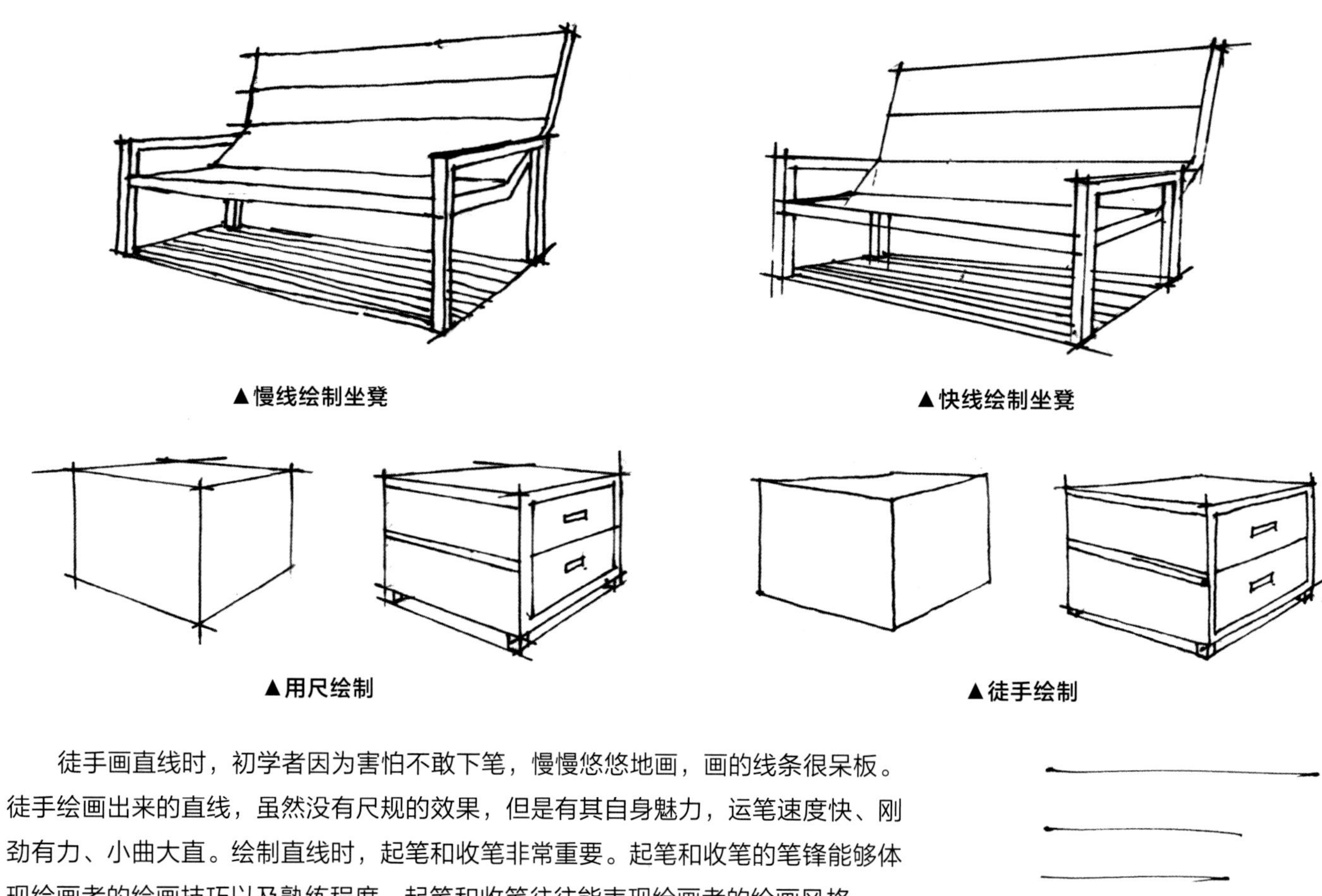

▲慢线绘制坐凳　▲快线绘制坐凳

▲用尺绘制　▲徒手绘制

徒手画直线时，初学者因为害怕不敢下笔，慢慢悠悠地画，画的线条很呆板。徒手绘画出来的直线，虽然没有尺规的效果，但是有其自身魅力，运笔速度快、刚劲有力、小曲大直。绘制直线时，起笔和收笔非常重要。起笔和收笔的笔锋能够体现绘画者的绘画技巧以及熟练程度。起笔和收笔往往能表现绘画者的绘画风格。

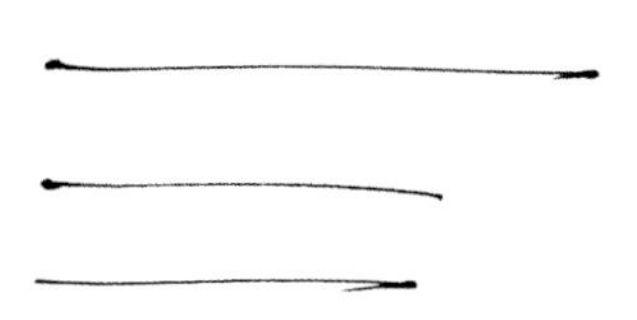

▲直线的起笔与收笔

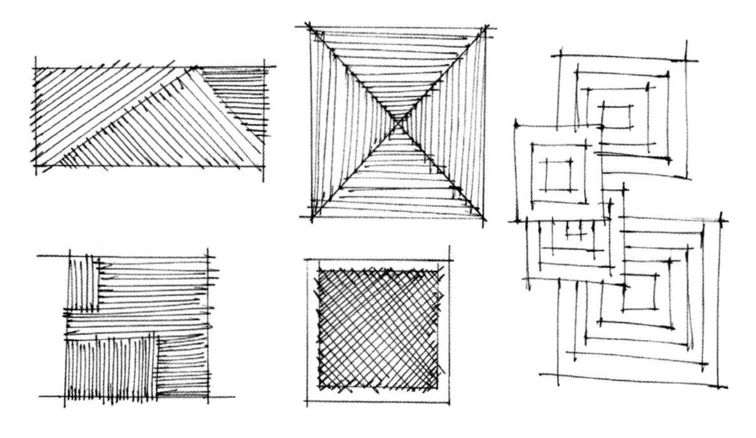

▲长短直线练习

注意起笔要顿挫有力，运笔要匀速，收笔要稍做提顿。注意两根线条交接的地方要略强调交点，稍稍出头，但不要过于刻意强调交叉点，否则会导致线条凌乱。画长线的时候最好分段画。人能够保持精神高度集中的时间不长，把长线分成几段短线来画肯定比一口气画出的长线直。分段画的时候，短线之间需要留一定空隙，不能连在一起。

画交叉线时，要注意两条线一定要有明显的交叉，最好是反方向延长的线，这样才能看得清。这样做交叉是为了防止两条线的交叉点出现墨团，交叉的方式也给了绘画者延伸的想象空间。

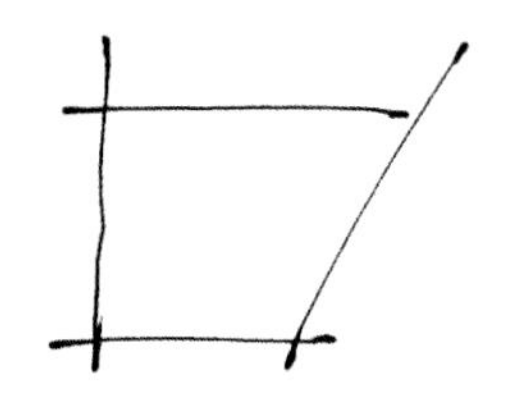
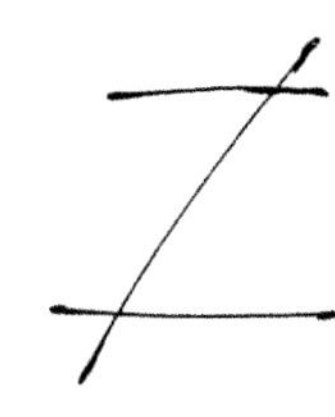

▲交叉直线

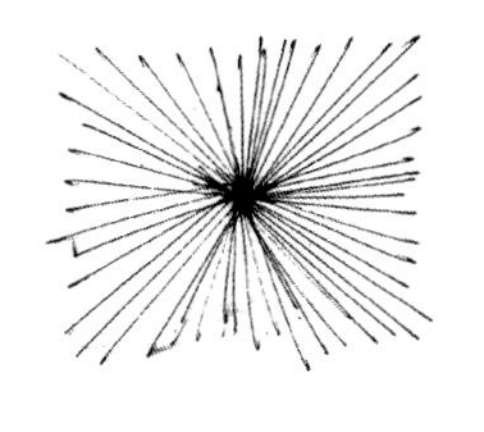
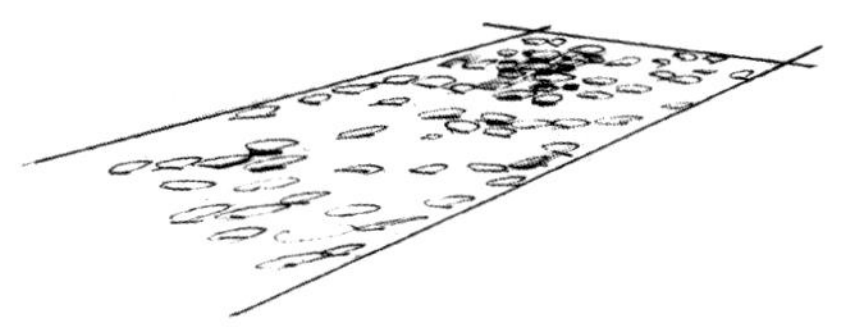
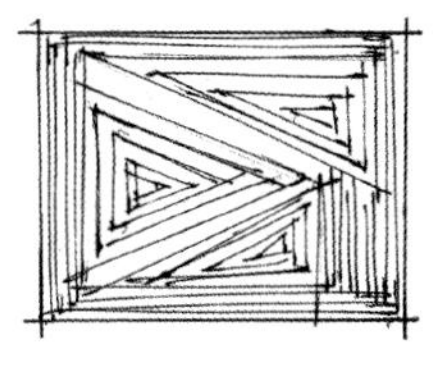

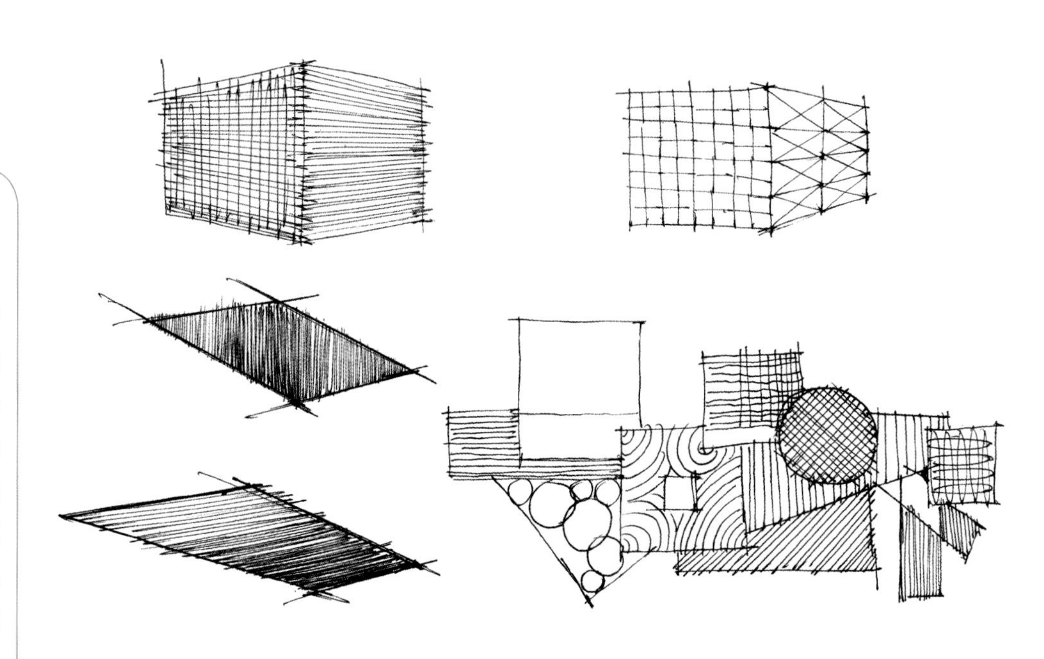

▲多样线条练习

手绘贴士

慢线一般用于效果图中的主要对象，或是位于画面中心的对象，这些对象都是描绘的重点，慢线能找准比例和透视。快线一般用于效果图中的次要对象，或是位于画面周边的对象，这些对象基本属于配饰，快线能提高绘制速度，同时形成一气呵成的流畅效果。在绘制曲线与乱线时要灵活把握快线、慢线的使用方法。

2.2.3　曲线

曲线是学习手绘过程中重要的环节，使用广泛，且运线难度高。它体现了整个表现过程中的活跃因素，在练习过程中熟练、灵活地运用笔与手腕之间的力度，可以表现出丰富的线条。画曲线要根据画面情况而定，曲线和长线一样需要分段画，才能把比例画得比较好。如果一气呵成可能导致画得不符合正常比例，不方便修改。如果很细致的图，为了避免画歪、画斜而影响画面整体效果，我们可以用慢线画。画好曲线需要一定的功底，只有大量练习，才能熟练掌握手绘基础，画出的线条才能流畅生动。

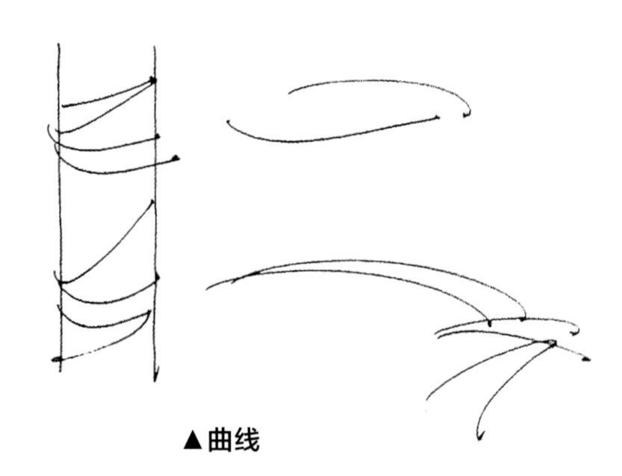

▲曲线

2.2.4　乱线

乱线在表现植物、纹理、阴影等的时候运用比较多。画乱线有一个小技巧：直线、曲线交替画，画出来的线条才会既有自然美又有规律美。

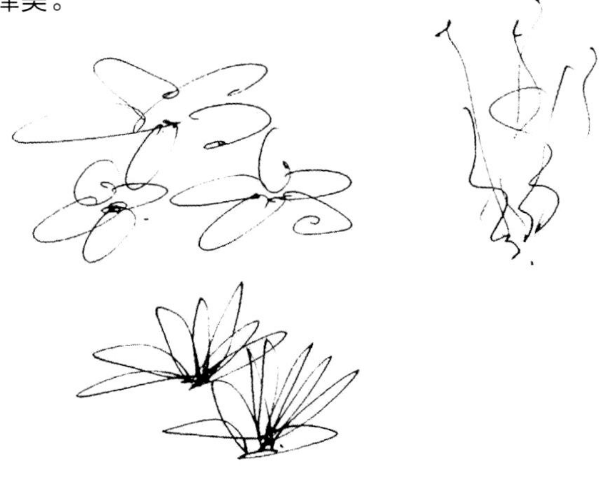

▲乱线

▲多样线条练习

手绘贴士

波浪线适用于绿化植物、水波等配景的表现，也可以密集排列形成较深的层次。绘制波浪线应尽量使每个波浪的起伏大小保持一致，波峰之间的间距保持一致，同时将线条粗细保持一致。

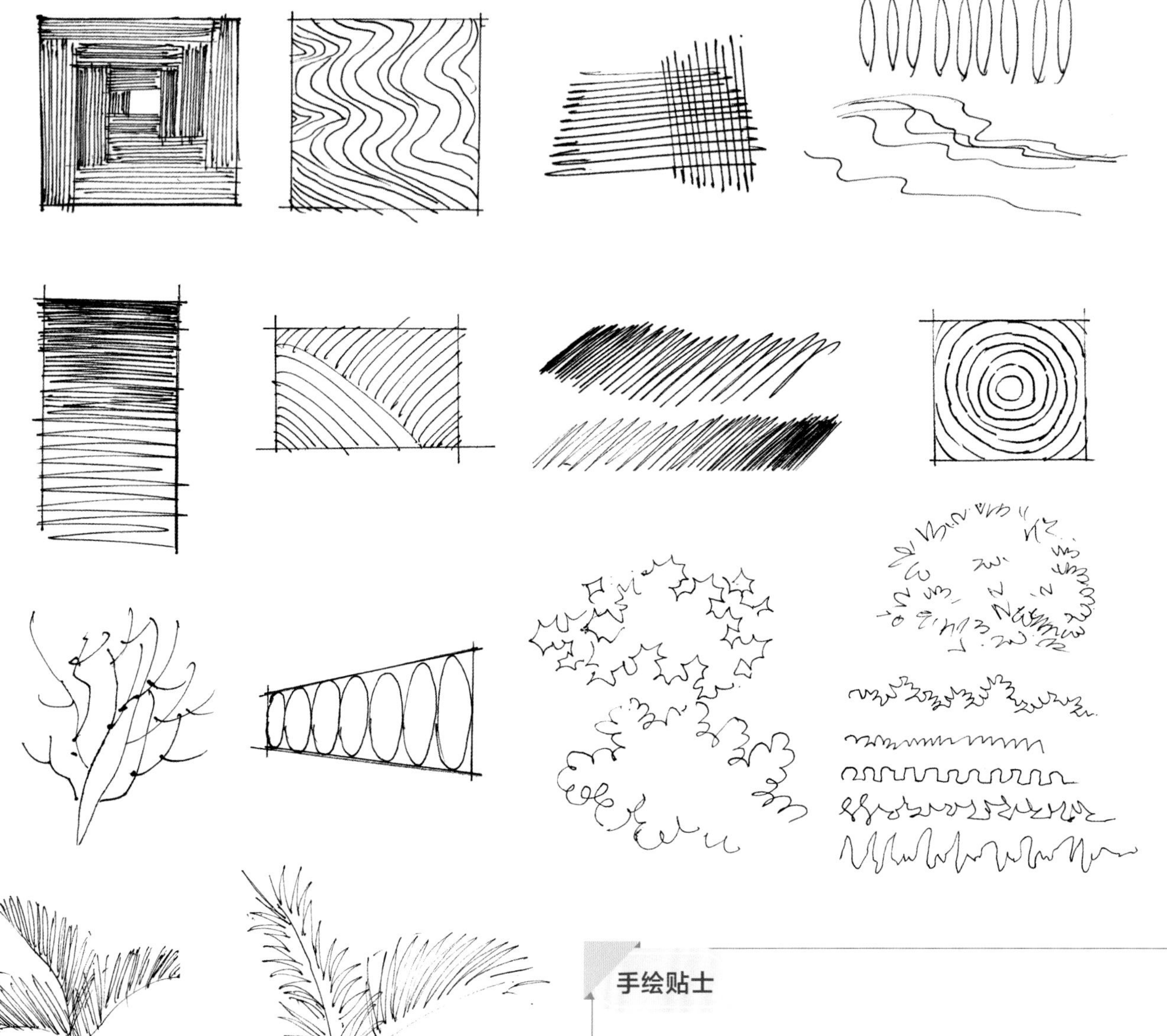

▲多样线条练习

手绘贴士

尺规绘制一般用于幅面较大且形体较大的效果图中的主要对象，如 A3 以上幅面且位于画面中心的表现对象。徒手绘制一般用于幅面较小且形体较小的效果图中的次要对象。

2.3 透视绘制技法

透视是手绘效果图的重要部分。透视原理和快速表现是学习手绘的入门基础课程。透视学习可以让初学者快速掌握手绘图的基本要点，快速达到手绘草图的基本要求。透视的要素为近大远小、近实远虚、近明远暗、近高远低。

视点是人眼睛的位置。视平线是由视点向左右延伸的水平线。视高是视点和站点的垂直距离。视距是站点（视点）离画面的距离。灭点也称“消失点”，是空间中相互平行的透视线在画面上汇集到视平线上的交叉点。高线是建筑物的高度基准线。

以上是透视的常见名词，在各种透视中是通用的，也是必不可少的，要理解性地去记忆。

视点和视平线的选择定位是决定一幅手绘图好坏的重要因素，应根据画面的设计选择合适的构图。构图是一种审美，要提升绘画及设计水平应先提高审美水平。绘画和设计一样都是构架。手绘效果图的基础就是塑造设计对象形体的基础，对象形体表达完整，效果图才能深入，透视原理是正确表达形体的要素。

透视主要有三种方式：一点透视（平行透视）、两点透视（成角透视）和三点透视。在一点透视中，观察者与面前的空间平行，只有一个消失点，所有的线条都从这个点投射出，设计对象呈四平八稳的状态，有利于表现空间的端庄感和开阔感。在两点透视中观察者与面前的空间形成一定的角度，所有的线条源于两个消失点，即左消失点和右消失点，它有利于表现设计对象的细节和层次。三点透视很少使用，它与两点透视类似，只是观察者的脑袋有点后仰，就好像观察者在仰望一座高楼，它适合表现高耸的建筑和室内空间。

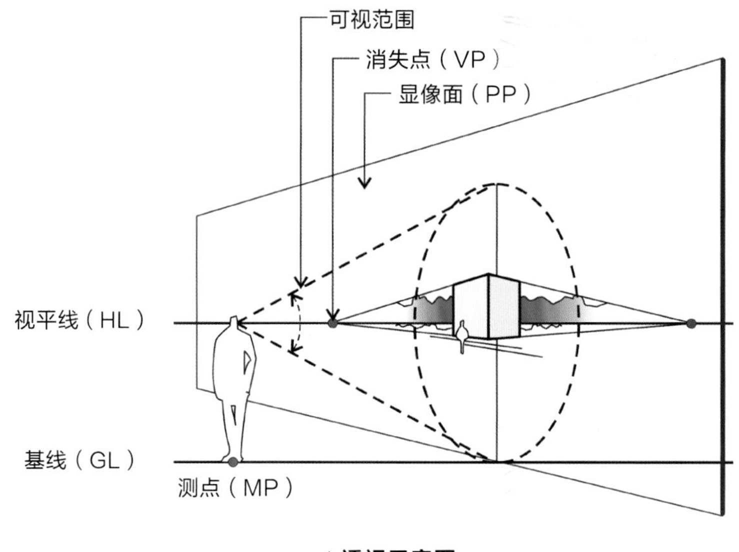

▲透视示意图

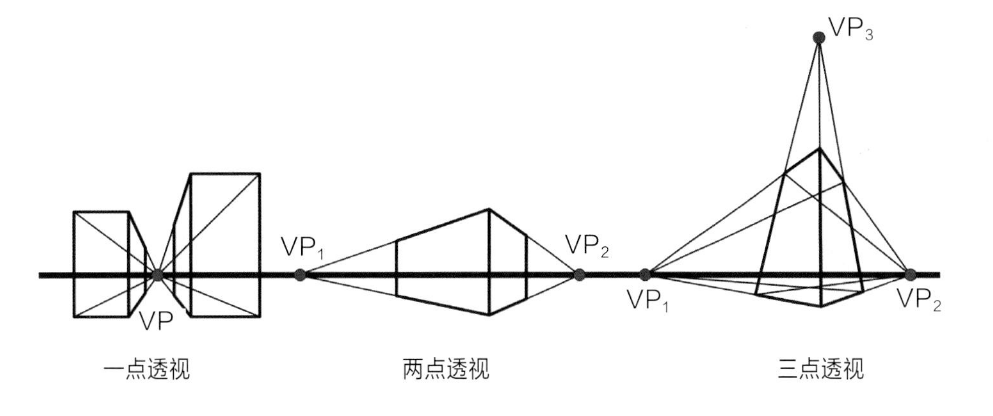

▲透视的种类

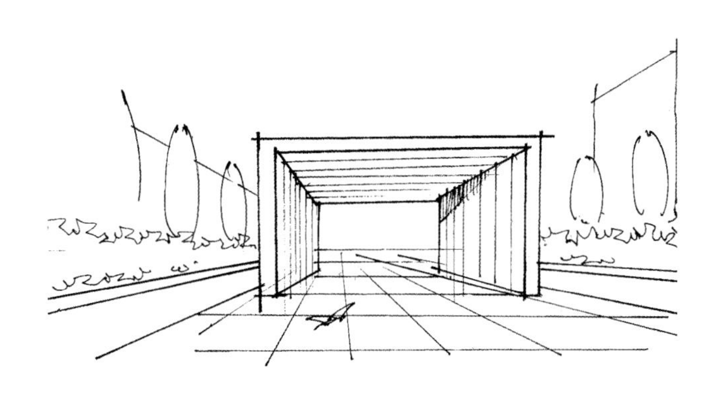

▲景观一点透视图

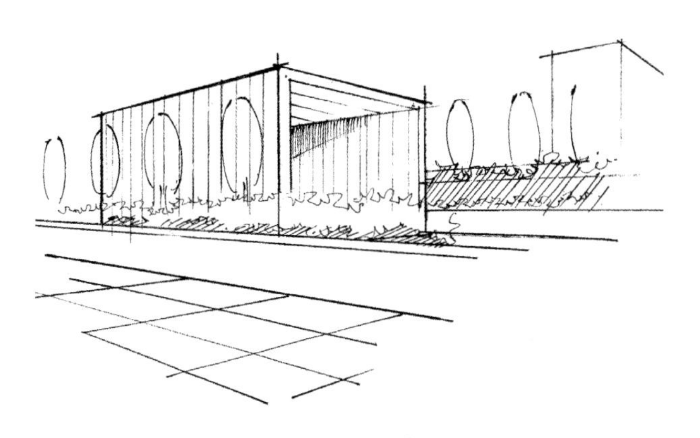

▲景观两点透视图

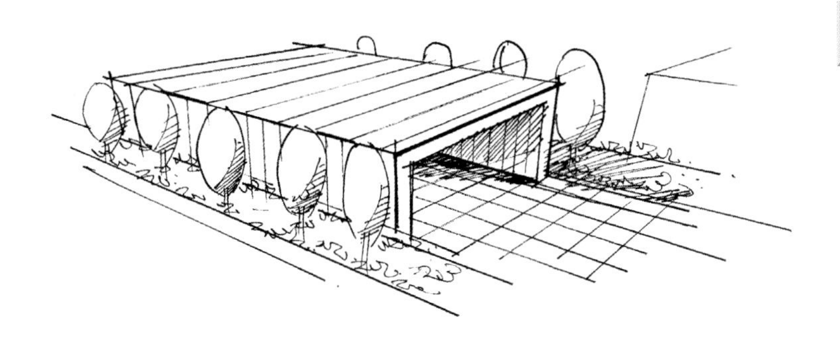

▲景观三点透视（俯视）

手绘贴士

无论以往是否系统地学过透视，现在都要配合线条的练习重新温习一遍，对透视原理知识进行巩固。透彻理解一点透视、两点透视、三点透视的原理。先对照本书绘制各种透视线稿，再根据自己的理解能力独立绘制一些室外景观小品、建筑的透视线稿。最初练习绘制时，幅面不宜过大，一般以 A4 为佳。

2.3.1 一点透视

一点透视又称为平行透视，只有一个消失点。一点透视是当人正对着物体进行观察时所产生的透视范围。一点透视中人是对着消失点的，物体的斜线一定会延长相交于消失点，横线和竖线一定是垂直且相互间是平行的，通过这种斜线相交于一点的画法才能画出近大远小的效果。一点透视是室内效果图最常用的透视，它的原理和步骤都非常简单。一点透视有较强的纵深感，很适合用于表现庄重、对称的空间。

视平线的位置。视平线是定位透视时不可或缺的一条辅助线，而消失点正好位于视平线的某个位置上，视平线的高低决定了空间视角的定位，一点透视的消失点在视平线上稍稍偏移画面1 / 3至1 / 4适宜。在室内效果图表现中，视平线一般定在整个画面偏下1 / 3左右的位置。

消失点的位置。一点透视的消失点原则上是位于基面的正中间，但是在表现画面的时候，如果放的位置过于正中，就会显得比较呆板。这需要根据具体空间类型而定。

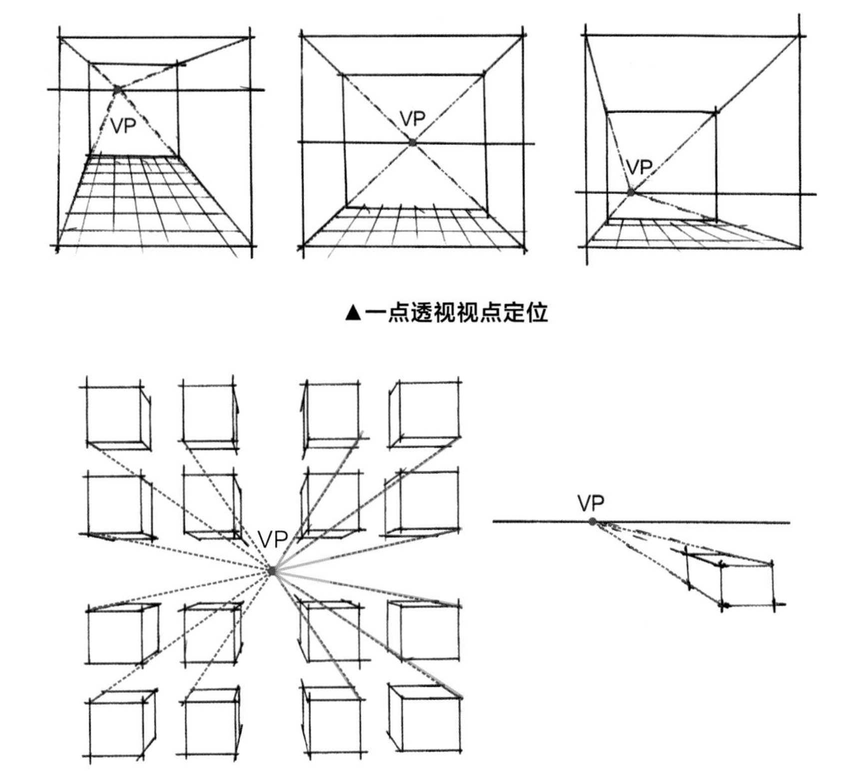

▲一点透视视点定位

▲一点透视练习图

手绘贴士

学习手绘效果图，不仅要练习基础线条，还要学会透视原理。透视效果图不难理解，但是真正画起来也没那么容易，容易出现各种错误。学习透视效果图一定不要操之过急，只有先打好基础，才能画出符合基本规律的效果图，再在此基础上发挥创意与灵感。手绘效果图和真正的艺术是有区别的，只有绘制出符合正常审美的透视图，才可能是一个成功的手绘效果图。

透视的三大要素：近大远小、近明远暗、近实远虚。离人越近的物体画得越大，离人越远的物体画得越小，但是要注意比例。不平行于画面的线条其透视交于一点。

远处的建筑与树木简要概括，树木枝叶的线条要清晰明确。

主体景观建筑自身的明暗对比要强烈，暗部阴影要加深。

动物雕塑表现得惟妙惟肖，具有生动活泼感。

近处灌木绘制整齐，是画面的边界。

▲公园景观一点透视图

一点透视的建筑结构线条要绘制得长一些，各种建筑的透视方向都汇集到消失点。

树木遮挡建筑后，建筑结构线条应当绘制成断续状。

透视的中心应当是主要景观造型，不能为常见的绿化植物。

水边投影采用水平线条密集排列并加深。

▲住宅庭院景观一点透视图

2.3.2 两点透视

两点透视也称为成角透视，在一点透视中，所有的斜线消失于一点上。而在两点透视中，所有的斜线都消失于左右两点上，物体的对角正对着人的视线，所以才叫作两点透视。它运用范围比较普遍，因为有两个消失点，所以左右两边的斜线既要相交于一点，又要保证两边的斜线比例正常。两点透视运用和掌握起来也比较困难。当人站在正面的某个角度看物体时，就会产生两点透视。两点透视更符合人的正常视角，比一点透视更加生动实用。

应该注意透视的两个消失点处于地平线上，且不宜离得太近。两点透视空间的真高线（两面墙体的转折线）属于画面最远处的线，因此在画的时候不宜过长，以免近处的物体画不开，一般处于纸面中间 1 / 3 左右即可。

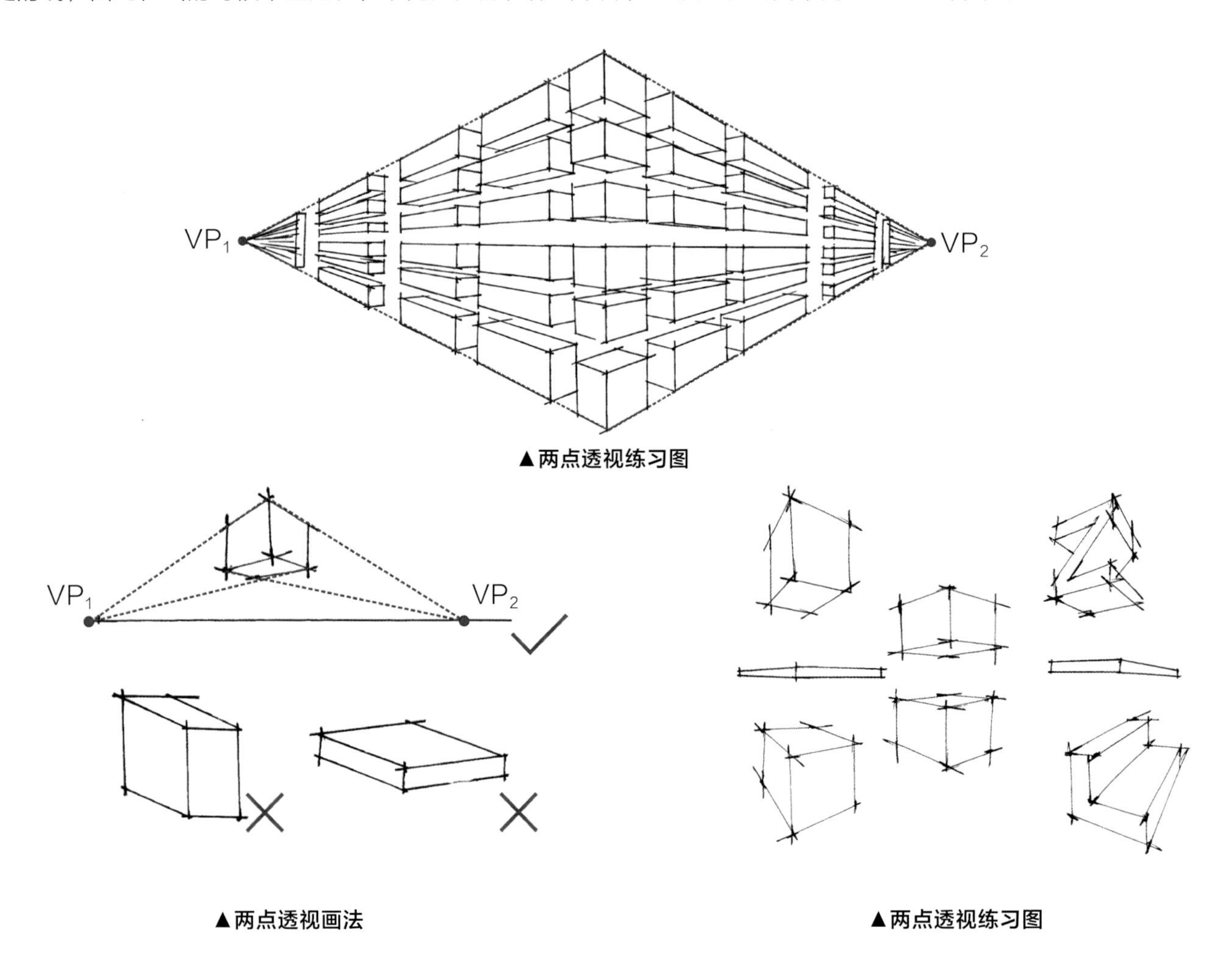

▲两点透视练习图

▲两点透视画法

▲两点透视练习图

两点透视的弧形线条应当顺着透视方向延伸，不必用尺绘制，徒手表现更具有动感。

两点透视的窄面中结构线条要严格准确。

画面中心是牌匾，因此可以采用竖向线条来加深层次。

地面铺装材料是两点透视的主要参考形体，一定不能画错。

▲公园景观两点透视图

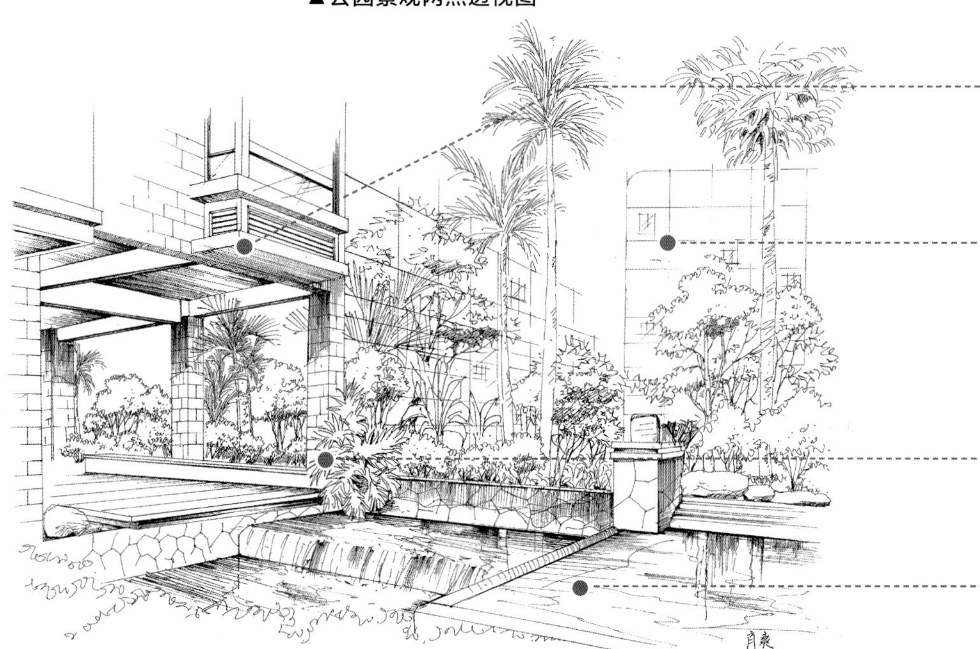

最近处的转角结构是两点透视的核心，绘制线条要果断。

远处建筑与绿化植物用笔要轻，与近处结构形成虚实对比。

位于画面中央的绿化植物是重点，绿化植物不便表现出透视，但是花坛的透视方向要准确。

水面上的线条应当顺应两点透视方向绘制，从而强化透视。

▲住宅小区景观两点透视图

2.3.3 三点透视

三点透视主要用于绘制内空较高的室内空间、俯瞰图和仰视图。第三个消失点必须处于与画面保持垂直的主视线上，且该主视线必须与视角的二等分线保持一致。三点透视绘制方法很多，真正应用起来很复杂，在此介绍一种快速、实用的绘制方法。在手绘效果图中，要定位三点透视的消失点比较简单 ，可以在两点透视的基础上增加一个消失点，这个消失点可以定在两点透视中左右两个消失点连线的上方（仰视）或下方（俯视），最终三个消失点的连线能形成一个近似等边三角形。

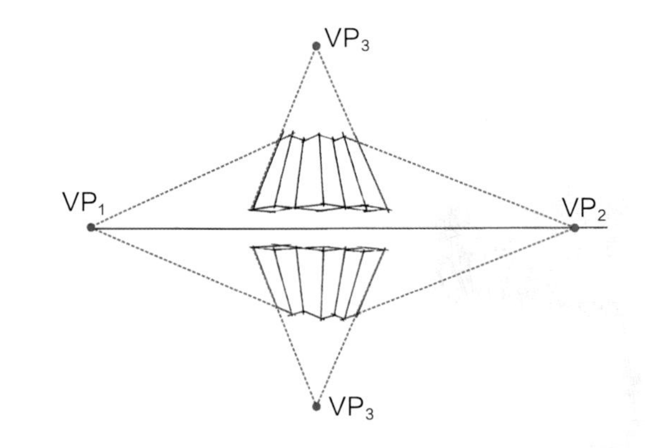

▲三点透视画法

向下消失的三点透视，景观构造的顶端是整个画面的最高点。

主要支撑结构向下透视集中。

位于画面周边的墙面铺装材料分别向下透视集中。

地面上的铺装材料形体仍然按左右两点方向消失。

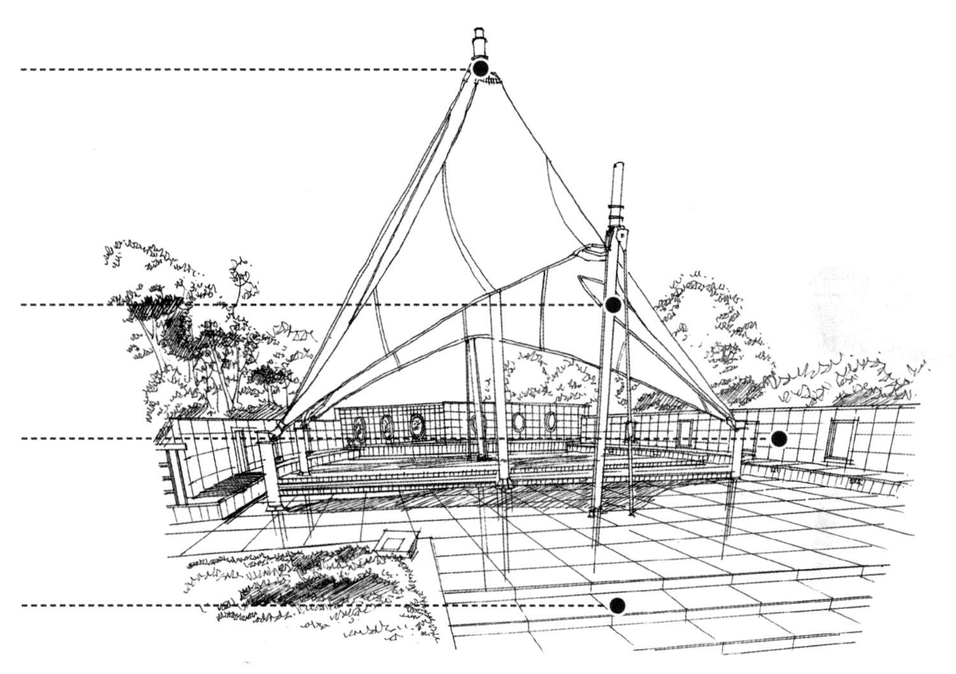

▲公园景观三点透视图

仰视角度会造成暗部面积较大，应顺左右透视方向排列线条来加深层次。

向上消失的第三点能让周边树木也具有向中央集中的作用。

墙面较窄的结构采用横向线条绘制。

水落的形态也应当具备向上消失的走势。

▲别墅景观三点透视图

向上消失的主体结构具有高耸的形体特征。

位于画面中央的辅助结构也应当具有统一的向心力。

细化景观构造中的装饰细节，丰富画面。

水面倒影也应当具有向上消失的走势。

▲住宅小区景观三点透视图

第3天 前期总结

对前期的练习进行总结，找到自己的弱点加强练习，以简单的小件物品为练习对象，可先临摹 2 ~ 3 张 A4 幅面线稿，再对照实景照片绘制 2 ~ 3 张 A4 幅面线稿。

在消失点向下集中的画面中，顶部的树木具有散开的趋势。

雕塑是画面的中心，适当加粗轮廓，自身对比也会加强。

外墙铺装材料向左右消失点方向绘制，表现出清晰的透视感觉。

位于画面底部的灌木向上散发，向下收缩。

▲别墅景观三点透视图

手绘贴士

在绘图过程中常见的不良习惯有以下几种，要特别注意改正。

（1）长期依赖铅笔绘制精细的形体轮廓。铅笔绘制时间过长会浪费时间，擦除难度大也会污染画面。可以单独练习线条，熟练后再开始绘制效果图。

（2）急忙着色。可先对线条进行强化训练，把握好长直线的绘画方式，严格控制线条交错的部位，对圆弧线、自由曲线的绘制一笔到位。

（3）对形体轮廓描绘和着色先后顺序没有厘清，在短时间内用绘图笔绘制轮廓并用马克笔着色，造成两种笔墨串色，导致画面污染。应当严格厘清先后顺序，先绘制轮廓后着色。

（4）停留在一个局部反复涂绘，总觉得没画好，认为只有涂绘才能挽救。马克笔选色后涂绘是一次成型，只能深色覆盖浅色，而浅色无法覆盖深色。

（5）大量使用深色甚至黑色马克笔，画面四处都是深色没有对比效果。在整体画面中，比较合理的层次关系可按笔触覆盖面积来计算，应该是 15%深色，50%中间色，30%浅色，5%透白或高光。

03

景观手绘线稿表现

识别难度

★★★☆☆

核心概念

单体植物、绿化植物、空间构造。

章节导读

本章介绍景观空间线稿绘制的基本要领，对景观手绘效果图中常用的小品、配饰、绿化植物等进行分类，重点讲解单体线稿与空间线稿的绘制方法，列出部分优秀空间线稿实例作品进行深入分析。

3.1 单体线稿表现

本书第 2 章对线条的基础练习作了基本介绍，线条在手绘效果图中相当于基础骨架，要提高绘图速度就应当多强化训练，熟练掌握线稿的绘制方式。

单体是构成空间的基本元素之一，我们在进行整体空间绘制之前，应对单体进行练习，掌握各种风格的单体画法，然后逐渐增加难度。

景观设计应具备手绘草图快速表达的能力，因为景观设计中的地形、植物、水体、小品等都需要徒手表达，而且在搜集素材、设计构思、推敲方案时也需要通过徒手绘制草图来表达设计构思，所以掌握手绘快速表现技法是景观设计师必须具备的基本能力。

初学者对形体结构不太清楚，可以先用铅笔绘制基本轮廓，基本轮廓可以很轻，自己看得见即可。基本轮廓存在的意义主要是给绘图者建立信心，但是不应将轮廓画得很细致，否则后期需要用橡皮来擦除铅笔轮廓，不仅浪费时间，还会污染画面。轮廓的大部分应能被绘图笔或中性笔线条覆盖，小部分能被后期的马克笔色彩覆盖。

有了比较准确的基本轮廓就可以把形体画准确，为进一步着色打好基础。

第4天 单体线稿

临摹 2 ~ 3 张 A4 幅面景观单体线稿，注重单体物件形体的透视比例与造型细节，采用线条来强化明暗关系，再对照实景照片，绘制 2 ~ 3 张 A4 幅面简单的景观单体物品。

3.1.1 景观植物线稿表现

植物是景观设计中重要的配景元素。自然界中的植物形态万千，有的秀丽颀长，有的笔直粗壮，各具特色。各种植物的枝、干、冠构成以及分枝习性决定了各自的形态和特征。植物在园林设计中占的比例非常大，植物的表现是透视图中不可或缺的一部分。景观设计中运用较为广泛的植物主要分为乔木、灌木、草本、棕榈科等。每一种植物的生长习性不同，造型各异，关键在于能够找到合适的方式去表达。

画植物时，应先学会观察各种植物的形态、特征及各部分的关系，了解植物的外轮廓形状，整株植物的高宽比和干冠比，树冠的形状、疏密和质感，掌握动态落叶树的枝干结构，这对绘制植物很有帮助。进行基础植物练习的时候，我们可以把所有的植物都看作一个球体。这样更便于理解植物的基本体块关系。初学者可从临摹各种形态的植物图例开始。

植物在现实生活中形态非常复杂，我们不可能把所有树叶和枝干都非常写实地刻画出来。在塑造的时候要学会概括，用抖线的方法把树叶的外形画出来，但是不要过于僵硬，植物的形态要很自然。

1. 乔木的表现

乔木一般分为五个部分：干、枝、叶、梢、根。树的形态特征有缠枝、分枝、细裂、节疤等。树叶有互生、对生的区别。了解这些基本的特征规律有利于我们快速进行表现。树干是构成整棵植物的框架，画树应先画树干，并注重枝干的分枝习性。处理枝干时应注意线条不要太直，要用比较流畅、自然的线条，也要注意枝干分枝位置的处理，要处理出分枝处的鼓点。树的生长是由主干向外伸展。它的外轮廓基本形体按其最概括的形式可分为球或多球体的组合、圆锥、圆柱、卵圆体等。下面给出了不同形态的植物图例，掌握好树干的形态有助于快速准确地画好植物的轮廓。

树的体积感是由茂密的树叶所形成的。在光线的照射下，迎光的一面最亮，背光的一面则比较暗，里层的枝叶，由于处于阴影之中，所以最暗。自然界中的植物明暗要丰富得多，应概括为黑、白、灰三个层次。在手绘草图中，植物只作为配景，明暗不宜变化过多，不然会喧宾夺主。

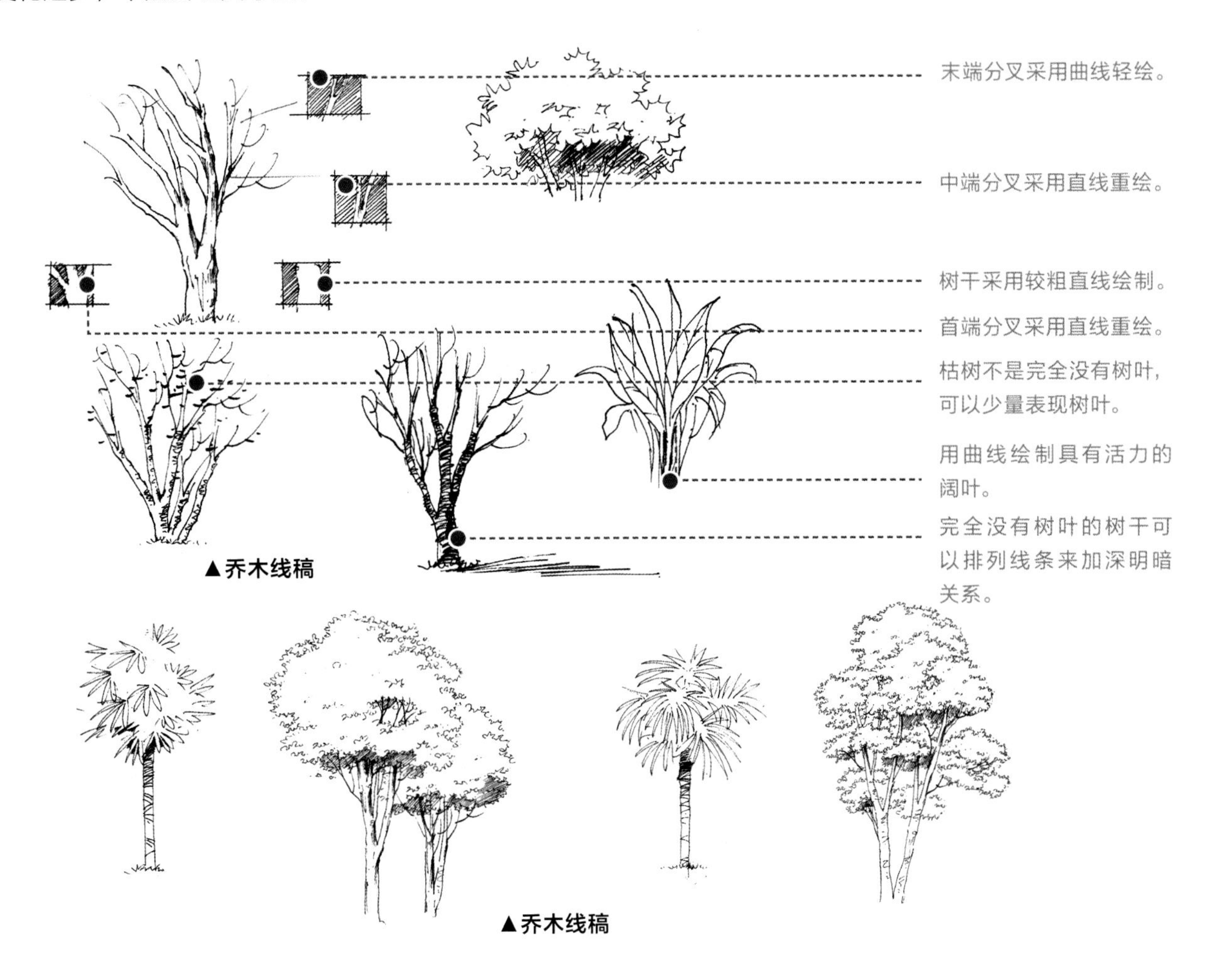

末端分叉采用曲线轻绘。
中端分叉采用直线重绘。
树干采用较粗直线绘制。
首端分叉采用直线重绘。
枯树不是完全没有树叶，可以少量表现树叶。
用曲线绘制具有活力的阔叶。
完全没有树叶的树干可以排列线条来加深明暗关系。

▲乔木线稿

▲乔木线稿

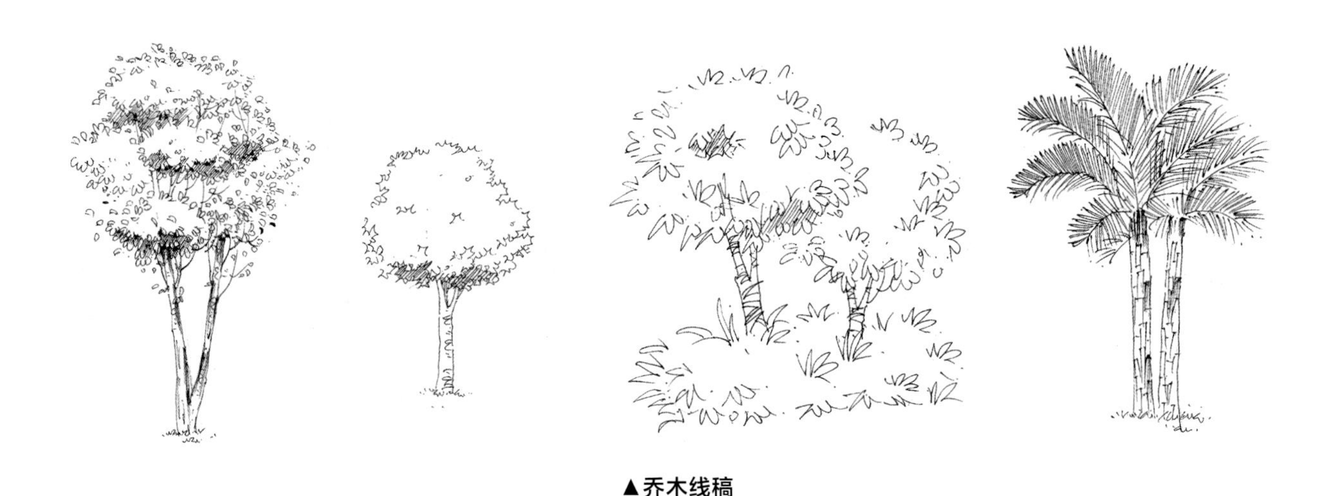

▲乔木线稿

2. 灌木的表现

与乔木不同，灌木的植株相对矮小，没有明显的主干，是丛生状的植物。灌木一般是观赏类植物。单株的灌木画法与乔木相同，只是没有明显的主干，而且是近地处枝干丛生。灌木通常以片植为主，有自然式种植和规则式种植两种，其画法大同小异，绘制时应注意虚实的变化，进行分块，抓大关系，切忌琐碎。

3. 修剪类植物的表现

修剪类植物主要体现在造型的几何化。在画这类植物时要注意一些细节处理，用笔排线略有变化，避免过于呆板，把握基本几何形体、找准明暗交界线即可。画这类植物时应注意“近实远虚”，就是说靠后的枝条可以适当虚化，分出受光面和背光面。画树叶时从背光面开始画，先画深后画浅，最后画受光面。

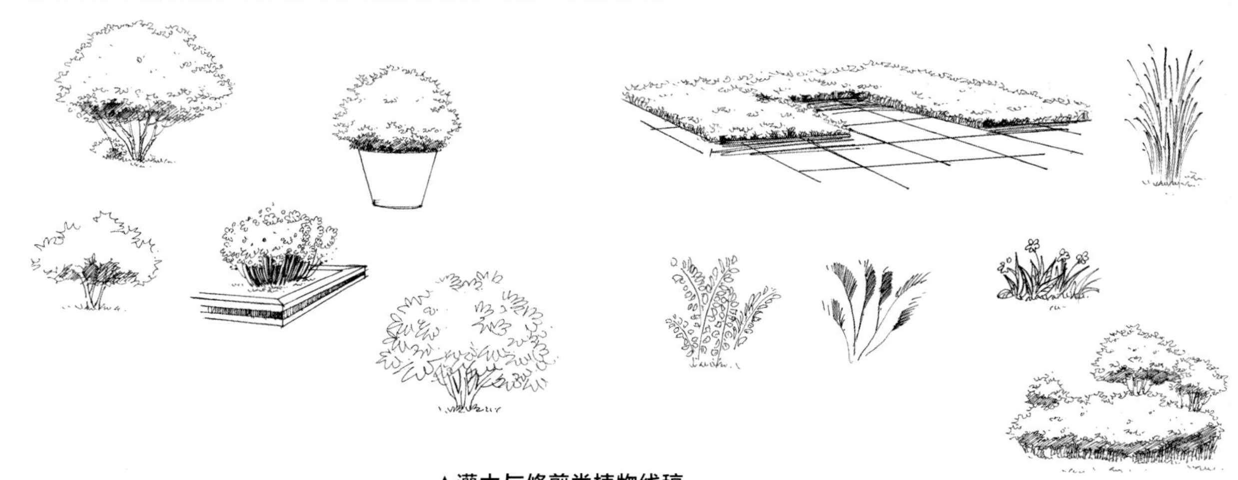

▲灌木与修剪类植物线稿

▲灌木与修剪类植物线稿

4. 棕榈科植物的表现

椰子树是景观效果图中最常见的一种棕榈科热带植物，因为形式感强烈，常作为主景区的植物之一。与前几种植物不同，椰子树的形态及叶片、树干都比较特别，处理时要把植物张扬的形态处理好。注意叶片从根部到尖部由大到小的渐变处理，以及叶片与叶脉之间的距离与流畅性，而树干的处理都以横向纹理为主、从上到下逐渐虚化。

棕榈树相对于椰子树而言比较复杂，处理时要把多层次的叶片及暗部分组处理，树冠左右要处理协调。绘制时可根据生长形态把基本骨架勾画出来，再根据骨架的生长规律画出植物叶片的详细形态；在完成基本的骨架之后开始进行一些植物形态与细节的刻画；注意树冠与树枝之间的比例关系。

▲棕榈科植物线稿

5. 花草及地被的表现

根据其生长规律，花草大致可以分为直立型、丛生型、攀缘型。表现时应注意，画大的轮廓以及边缘的处理可若隐若现，边缘处理不可太呆板。花草作为前景时需要将其形态特征进行深入刻画，作为远景时则不必刻画得那么细致。攀缘植物一般多应用于花坛或者花架上面，须尽量表现出其长短不一的趣味性，同时注意植物对物体的遮挡关系。

手绘贴士

绿化植物绘制的难点在于叶片前后结构的把握，在绘画过程中不必刻意将叶片之间的关系厘清。从平面视角来观察日常生活中的绿化植物，先绘制前部叶片，再在叶片之间补足后部叶片的形体轮廓即可，采用自由曲线绘制，最后在叶片上部或间隙处插入花卉，重点表现盆栽底部的投影。

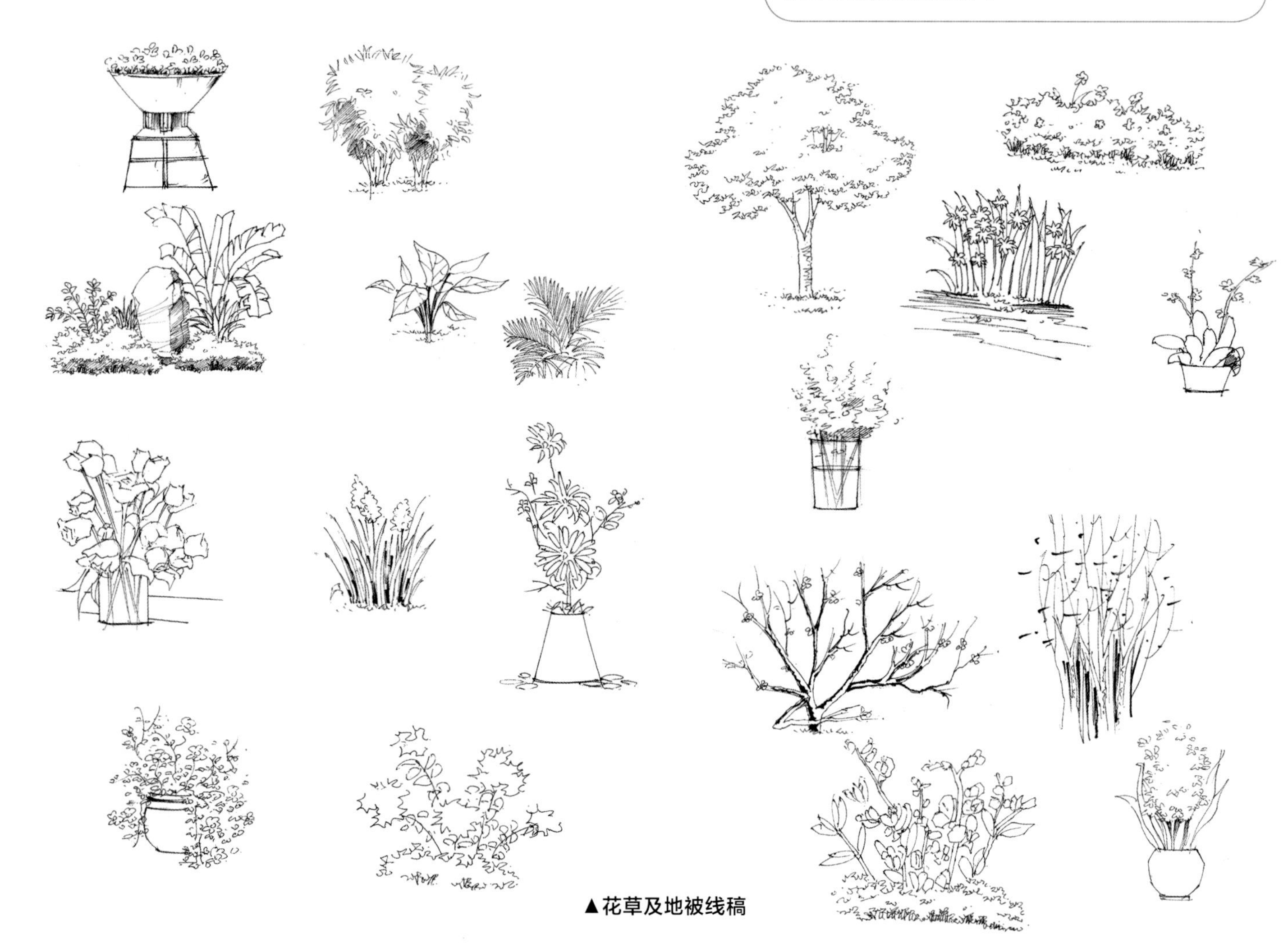

▲花草及地被线稿

▲花草及地被线稿

树梢顶端的叶片简单表现，虚化处理。

遮挡建筑构造的树木叶片之间不画建筑。

位于画面中央的树木详细绘制，区分前后层次关系。

位于画面近处的灌木花草要详细绘制。

▲景观绿化植物线稿

3.1.2 景观山石线稿表现

《长物志·水石》中写道："石令人古，水令人远，园林水石，最不可无。"山石的审美以瘦、漏、皱、奇、丑为标准，奇峰怪石，给人以无穷的想象，故有石翁、石叟、石兄等拟人化称谓。

国画中说"石分三面"，是说把石头视为一个六面体，勾勒其轮廓，将石头的左、右、上三个部分表现出来，这样就会有体块感，另外将三个面区分明确，然后再考虑石头的凹凸、转折、厚薄、虚实等，下笔时要适当地顿挫曲折，所谓下笔便是凹凸之形。

处理石头的时候要注意体块感、转折以及石头本身的质感和硬度，这里所说的硬度不是通过尖角来表现，而是通过线条的力度和线条组织出的结构形态来体现石头的硬度和体积，阴影的处理更能体现出石头的空间感。注意，画石头时一定要注意暗部的虚实关系和阴影关系。

在刻画石头这一类材质的时候，要分面刻画，面与面之间要明显，表现山石时用线要硬朗一些，同时，"明暗交界线"是交代石头的转折面，也是刻画的重点，石头的亮面线条硬朗，运笔要快，线条的感觉坚韧。注意留出反光，也就是在暗部刻画时，反光面用线比较少。石头的暗面线条顿挫感较强，运笔较慢，线条较粗较重，有力透纸背之感。石头的形态表现要圆中透硬，在石头下面加少量草地效果表现，以衬托地面着色效果。石头不适合单独配置，通常是成组出现，要注意石头大小相配的群组关系。

▲景观山石线稿

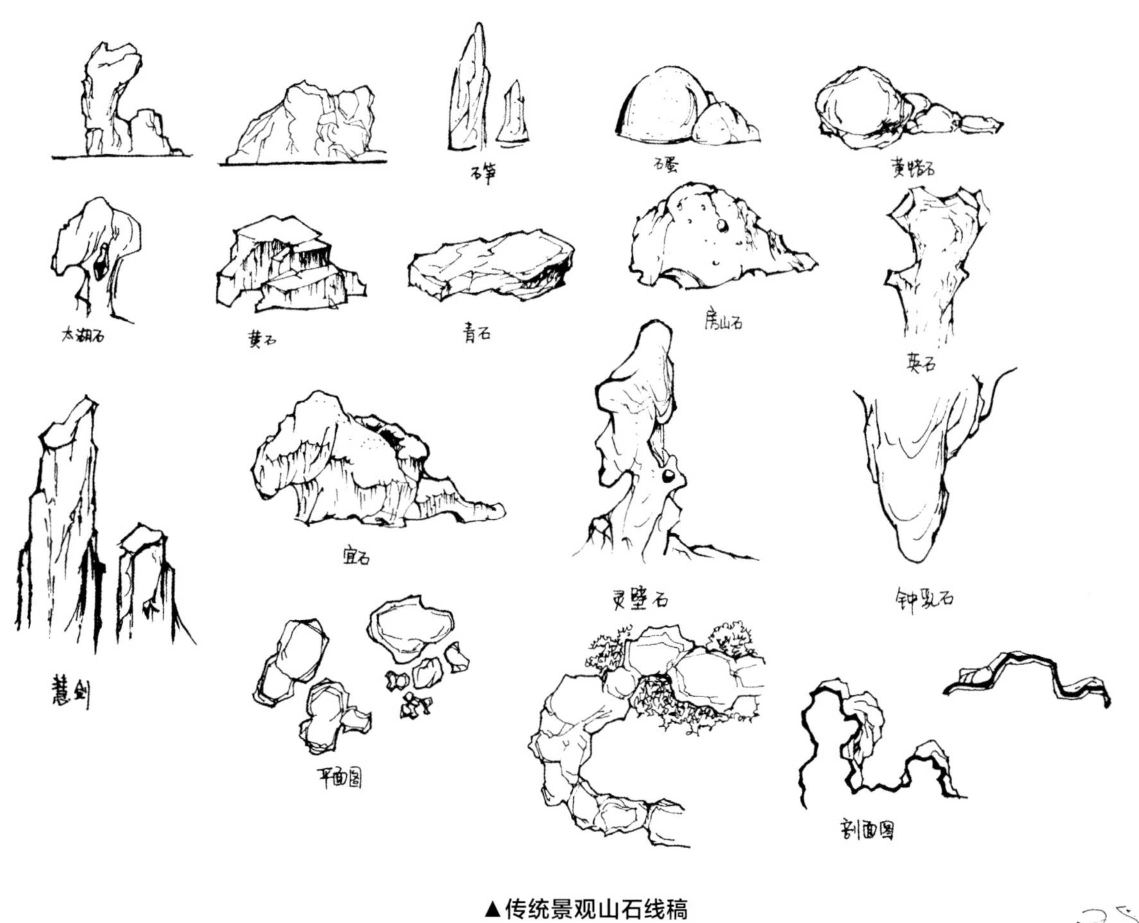

▲传统景观山石线稿

▲景观山石线稿

3.1.3 景观水景线稿表现

空气、阳光、水是生命的三要素。孔子说："仁者乐山，智者乐水。"水无色、无味、无形，柔弱而又无处不在。水景能形成上下对称的倒影，构成优美的水环境景观。

无水不成园，水是园林的血脉，是生机所在。在景观设计手绘中可以把水分成两类：静水和动水。所谓"滴水是点，流水是线，积水成面"，这句话概括了水的动态和画法。静水如同一面镜子，表现时应适度注意倒影，并在水中略加些植物以活跃画面。不要把岸上景物在水中的倒影表现得过于清晰和完整，要略有变形，但是要符合大体的透视关系。倒影只能体现距离水岸较近的景物，距离水岸较远的景物可以忽略不计。

动水是相对静水而言的，是指流速较快的，如跌水、瀑布、喷泉等。表现水的流动感时，用线宜流畅洒脱。在水流交接的地方可以表现水波的涟漪和水滴的飞溅，使画面更生动自然。动水的手绘表现形式比较特殊，要注意观察现实环境中的各类水景，抓住其主要特点进行概括。动水的水流方式不同，手绘线条应与其方向保持一致，并通过受光面的留白等手法体现出水流的体积感。具体方法是：在画面中预先留出水流的位置，再用同样方向的线条快速画出水流的背光面，注意线条的疏密与节奏关系。手绘表现各种水景时，不要过分具象复杂，应用简练概括的画法表现出水的轻盈、流畅。

处理水体时要注意水体上方的物体造成的倒影及水体本身出现的波纹。跌水可以利用扫线处理出水向下流的速度感，注意周边溅起的水滴的表现。

▲景观水景线稿

▲景观水景线稿

成团的树木注意受光面和背光面有所区分即可。

被水景和树木夹杂的建筑是重点表现对象，自身对比要强。

水面表现的重点在于倒影，采取竖向绘制倒影、横向绘制结构的方式。

自由曲线在画面边缘作为水面的终止分界线。

▲景观水景线稿

3.1.4 景观小品线稿表现

小品原指简短的杂文或其他短小的艺术表现形式，突出的特点是短小精致。景观小品是指那些体量小巧、功能简单、造型别致、富有情趣、内容丰富的精美构筑物，如轻盈典雅的小亭、舒适有趣的座椅、简洁新颖的指示牌、方便灵巧的园灯，还有溪涧上自然、富有情趣的汀步等。景观小品是设计师经过艺术构思、创作设计并建造出来的环境景物，它们既有功能上的要求，又有造型和空间组合上的美感要求。作为造景素材的一部分，它们是景观环境中具有较高观赏价值和艺术个性的小型景观。

景观小品是景观中的点睛之笔，一般体量较小，对空间起点缀作用。景观小品既具有实用功能，又具有精神功能。

景观小品有功能性和艺术性两个特性。功能性是景观小品最基本的特性，是指大多数景观小品都有实际作用，可直接满足人们的生活需要，如亭子、花架、座椅可供人们休息、纳凉、赏景使用；园灯可提供夜间照明，方便游人行走。艺术性是指景观小品的造型设计要新颖独特，能提高整个环境的艺术品质，并起到画龙点睛的作用。

景观小品的使用有两种情况：一是作为某一景物或建筑环境的附属设施，这就要求景观小品的艺术风格与整个环境相协调，互为烘托，相得益彰；二是在局部环境中起到主景、点景和构景的作用，有着控制全视景的功能，并结合其他景观要素，创造出丰富多彩的景观内容。

景观小品包括建筑小品——雕塑、壁画、亭台、楼阁、牌坊等；生活设施小品——座椅、电话亭、邮箱、邮筒、垃圾桶等；道路设施小品——车站牌、街灯、防护栏、道路标志等。

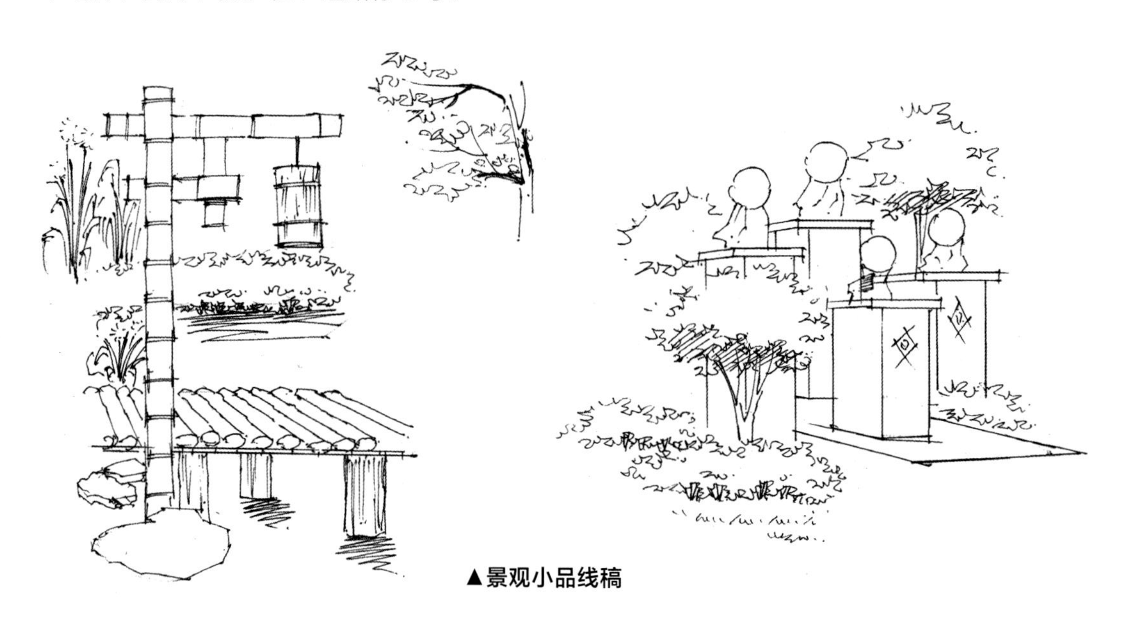

▲景观小品线稿

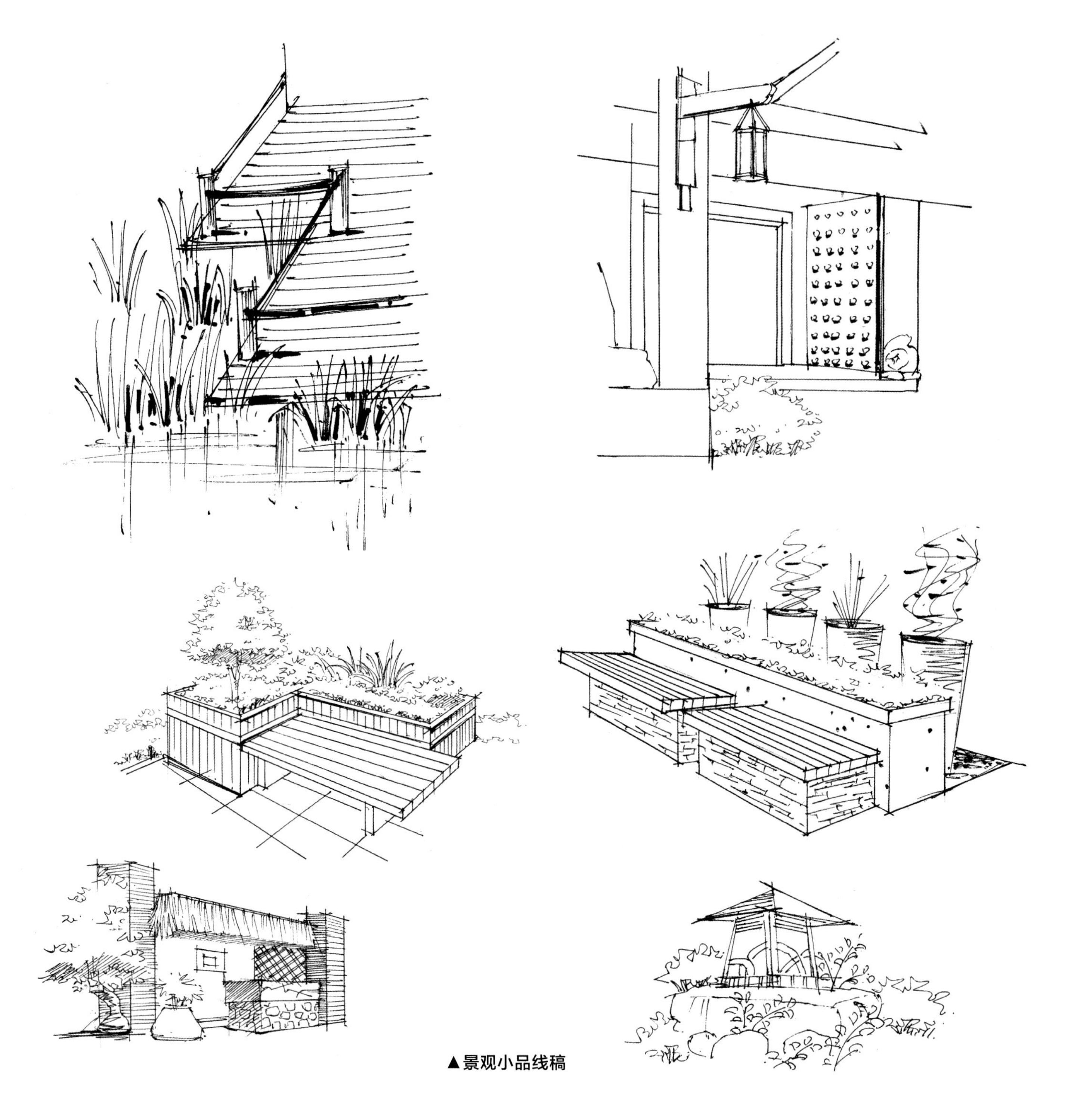

▲景观小品线稿

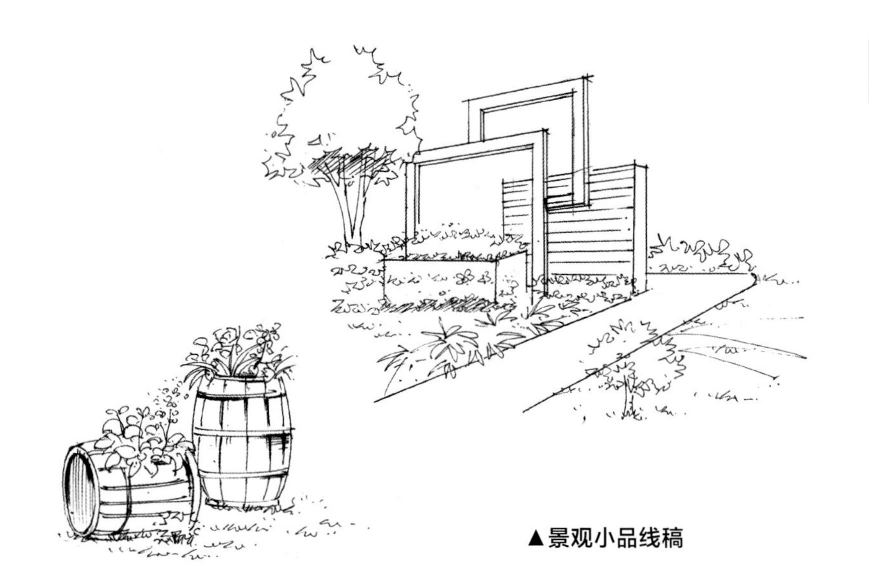

▲景观小品线稿

手绘贴士

线稿看似是对空间造型的表现，其实也是后期塑造色彩对比关系的前奏。线条的表现能力十分丰富，在绘画过程中，密集的线条排列能形成较深的阴影效果，这对后期着色具有明确的导向性，令人在潜意识中自我设定色彩与明暗的层次。在线稿绘制阶段，密集的线条能塑造至少 3 种不同的明暗层次，分别是非常密集的线条排列、一般密集的线条排列与无线条。

曲直结合的线条用于表现远处绿化植物。

位于画面中间的绿化植物用概括的线条表现。

小品主体结构采用对称式曲线绘制表现，呈现出端庄、稳重感。

水池中的材料铺装要详细绘制，较深的层次能压住画面，让小品显得更稳重。

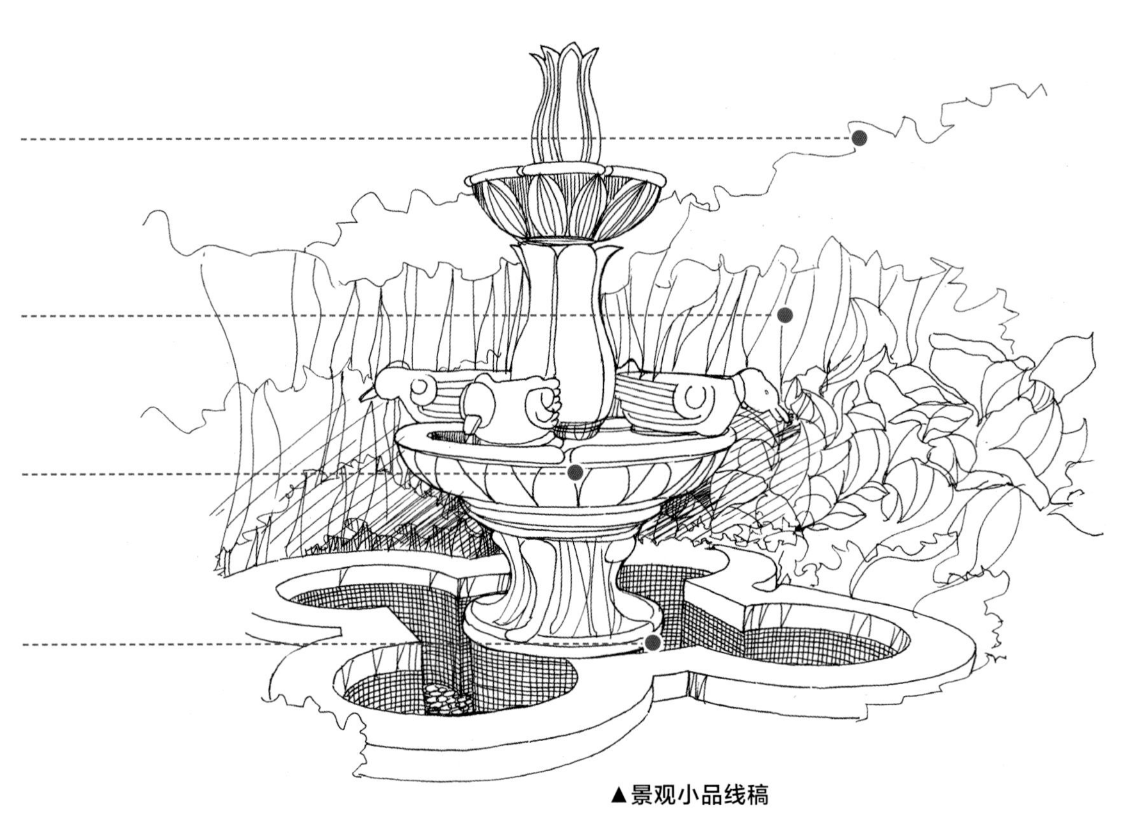

▲景观小品线稿

3.2 空间线稿表现

本节讲解不同空间类型的效果图表现技法与步骤，部分内容是简单的设计想法图示，耗费时间较短；部分内容则需要花比较长的时间精细绘制，以供展示之用。

线稿是效果图绘制的基础，线稿绘制的要点在前面已讲解过，即要求透视准确、比例尺度协调、虚实与疏密关系得当。

线稿表现需要注意构图、透视、比例和结构的刻画，再进行光影和细节的表达，让整个空间完整清晰地表达出来。一幅优秀的手绘作品很大一部分取决于前期线稿的表现。线稿是整个图纸的骨架，它包含了透视、比例、结构、材质、光影、形体等至关重要的手绘因素，所以前期线稿刻画要尽可能做到完整。

一幅好的效果图要区分出前景、中景和远景三个层次，前景与远处的物体会递增展开，并且彼此不会遮挡。设计师若想创造出空间层次感，就需要选择自己的视野，想象自己处于平面图所要绘制的场景里，在脑海中安排、构思和计划所要表达的对象。一般来说，将一些前景元素表现出来，有助于形成画面的视觉感染力，这些元素可以是建筑、人物和植物等。

第5天 空间线稿

临摹 2 ~ 3 张 A4 幅面景观空间线稿，注重空间构图与消失点的设定，融入陈设品与绿化植物等，采用线条来强化明暗关系，再对照实景照片，绘制 2 ~ 3 张 A4 幅面简单的景观空间线稿。

3.2.1 酒店景观线稿表现

下图是酒店庭院的一处景观，其中设有四角亭、景观墙、亲水平台、种植池等景观元素。用铅笔勾勒出画面整体的结构比例和透视关系，保证主要景观的完整性，以主要景观为中心向周围展开。这样不仅交代了主要景观，也大致交代了景观所在的环境。

图中植物主要是棕榈科植物，直立性棕榈科植物的叶片多聚生于茎，形成独特的树冠，一般每长出一片新叶，就会有一片老叶自然脱落或枯干。根据生长形态把基本骨架勾画出来，再根据骨架的生长规律画出植物叶片的详细形态，在完成基本的骨架之后开始进行一些植物形态与细节的刻画，注意树冠与树枝之间的比例关系。

在透视、比例和结构的问题把握好以后，可以添加景观元素、小品、主要景观的光影关系以及景观小品的结构和光影。

结构线和小品都画完以后可以根据主要景观开始调整构图和收边，并对图纸的四个角落进行处理，让元素整体结合在一起，调整好构图以后完善光影关系和画面的细节即可。

热带植物要表现出体积感，同一棵树上的树叶深浅要有变化。
位于画面中央的装饰墙的造型应详细绘制。
景观构造建筑要露出主体部分，不能被绿化植物完全遮挡。
位于画面近处的喷泉用具有韵律的弧线来表现。

▲酒店景观线稿

酒店庭院景观是整个酒店的户外环境设计重点，一点透视的线稿在表现形式上比较端庄，因此运笔技法应当多样化，避免产生雷同的画面效果。酒店景观线稿表现时应注意以下几点。

（1）直线结构起稿应当采用直尺绘制基础轮廓，确定无误后再用绘图笔绘制，较长的线条不宜完全徒手绘制，较短的线条可以采用快线徒手绘制，下笔与提笔都要快，避免在图纸的某一局部停留时间过长。

（2）弧线结构起稿应当采用曲线尺绘制（如喷泉的水柱），在起稿时绘制一条线即可，后期再使用绘图笔依照铅笔起稿线条绘制两根近似平行线。

（3）重点表现部位是建筑本身与建筑投影，因此这些部位应当是线条集中度最高的区域，不能将线条用于强化近景装饰物与远景绿化植物。

（4）寻找一些体块感明显的区域，绘制排列整齐的材料形态，形成面域肌理效果，如桥梁的侧立面、亭子的顶部、景观墙的正立面等，这些区域可以通过井格线、平行线来表现材料的形态，给画面带来厚重感。

3.2.2 商业广场景观线稿表现

观察画面构图，确定是一点透视空间；明确视平线的高度，确定消失点在画面左右的位置，并在视平线上找到消失点。

确定景观空间内的框架、结构和构筑物的高低关系，大致勾勒出周围环境的关系，用以观察整个图纸的构图关系。注意木栈道的横向木缝线，近处的缝隙间距大，远处的缝隙间距小。

根据近景慢慢往中景和远景推进，物体的落地面一定不能高出视平线，始终保持近景、中景、远景的关系，让图纸充满层次，有足够的空间感。中景和近景都画完以后开始绘制远景，远景应采用概括、简洁的表达方式，不宜画得太复杂。画完近景、中景、远景以后可以根据空间搭配一些远景的植物，用来烘托景观的环境。远景的植物依然是用概括的手法处理，不要画太多细节，最后调整构图和刻画光影关系即可。

构筑物的轮廓画出来以后将周围的植物配景加以完善，植物处理应注意高低、前后的空间关系，同时画出休闲座椅。整个画面保持干净整洁，结构、比例、透视交代清楚即可。

在结构和比例的关系画准确以后，确定光源方向，添加明暗关系，以刻画构筑物和植物的体量关系，根据空间的远近处理好虚实关系，近处的场景可以适当刻画细节和材质特征。

建筑顶部处于画面边缘，逐层省略终止。
遮阳篷下的投影通过竖向排列线条来强化。
家具与雕塑的对比要强烈。
近处的栏杆是绘制的重点。

▲商业广场景观线稿

3.2.3 别墅庭院景观线稿表现

绘制出空间内主要构筑物的结构线，同时明确视平线的高度和消失点的位置，在对大的空间有所掌握的情况下，可以先适当地画一些构筑物细节，从近景往远景展开，但是要随时注意视平线的位置，以此来判断后面物体的高度和宽度。

两点透视的取景角度比较自由，取景时应包含主体建筑造型，这样才能衬托画面的重量感，建筑造型在画面中的比例以50%～60%为宜，这样能使画面显得沉稳。

当树木与建筑之间形成交错时，要注意表现顺序，应先绘制前景树木，树木以枝干为主，少画树叶或暂时不画树叶；再绘制树后的建筑，建筑结构线条要给树木的主要茎杆留白，不能与树木茎杆交错。为了强化两者的前后关系，还应在建筑投影处用密集线条来衬托树木茎杆，即采用深色投影衬托出前景树木茎杆。

庭院景观前景一般设计水面与石头为佳，这样能完美处理构图边缘。如果前景是草坪或地面铺装道路，很容易扩大构图面积，转移画面主题，造成喧宾夺主的不良效果。

水面与近处地面的空白空间很大，可以先用自由弧线表现出阴影的外部轮廓，再用短平行线来强调投影。

茂密的树丛要分团组，先将每棵树的团组分清楚再绘制。

建筑外墙上不同结构相互穿插，具有体积感。

近处的山石细化绘制，并加深投影部位。

木质地面平台线条透视方向要求绝对正确。

▲别墅庭院景观线稿

3.2.4 建筑景观线稿表现

住宅小区的建筑景观线稿要表现出浓厚的生活气息，主体建筑本身存在大量重复结构，在绘制时容易让人感到疲倦，这时可以在建筑前方绘制较大的乔木遮挡建筑上的门窗、阳台结构，从而达到减少绘制重复结构的目的。但是值得注意的是，乔木不能完全遮挡建筑上的门窗和阳台，否则就丧失了建筑主体特征。

树木叶片较多，可以采用连续短弧线表现，将树木中的树叶分体块或成团组绘制，每个体块或团组均绘制外部轮廓，并强化背光面与阴影。

建筑景观中的水池面积不大，形态接近正方形，可以将其定位为画面正中央，周边环绕台阶、山石、绿化，每一种设计元素之间都存在形态对比。

近处的石头可采用短直线来绘制外部轮廓，将石头划分为明、暗两个面，暗面排列短平行线来强化阴影，明面绘制少量长弧线来表现石头上的纹理和褶皱。

画面边角可选用大型阔叶树木来平衡构图，细节不宜过多，但是形态也不宜草率，每一片树叶的形体都应精准反映绿化植物的存在。

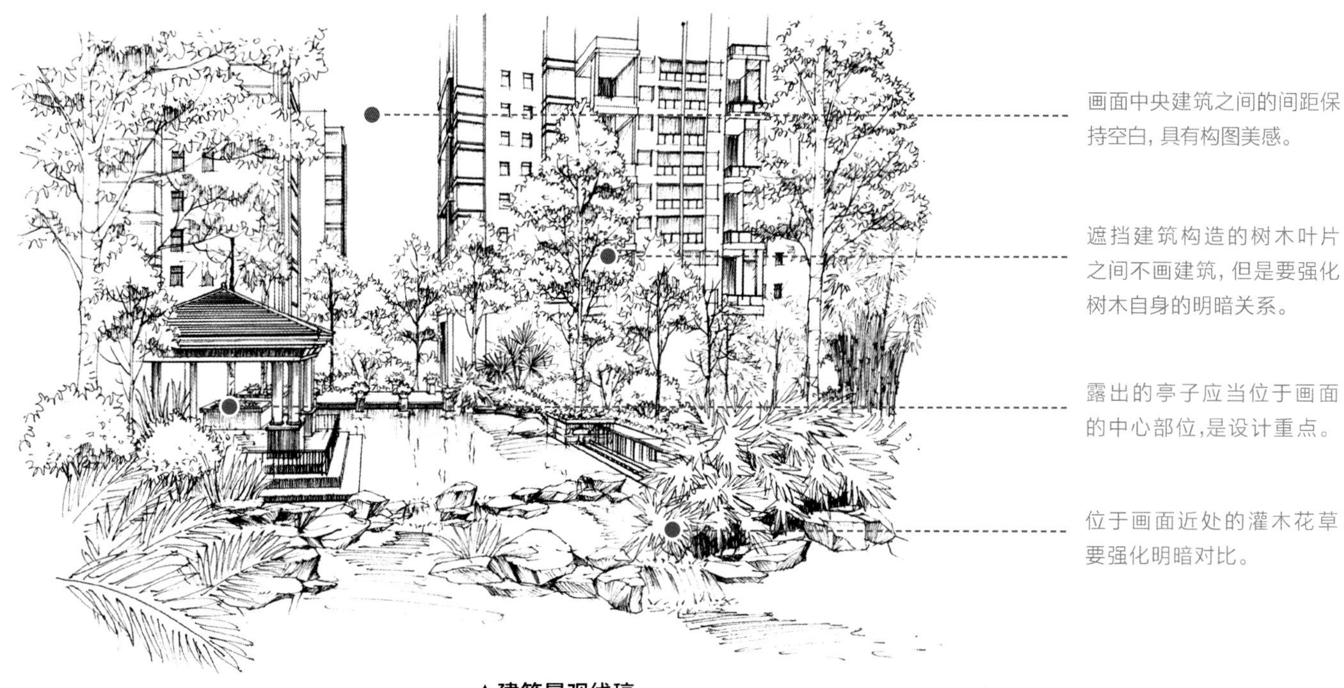

画面中央建筑之间的间距保持空白，具有构图美感。
遮挡建筑构造的树木叶片之间不画建筑，但是要强化树木自身的明暗关系。
露出的亭子应当位于画面的中心部位，是设计重点。
位于画面近处的灌木花草要强化明暗对比。

▲建筑景观线稿

下图所示的建筑景观中设有叠水等景观元素，可先用铅笔勾勒出画面整体的结构比例和透视关系，保证主要景观的完整性，再以主要景观为中心向周围展开。

如果绘图时间有限，可以把大部分时间花在主体建筑上。建筑的形体不宜过大，以一点透视为主，设计在构图的远方，可以采用直尺绘制主要外部轮廓，并使用大量平行线来表现建筑的细部结构，在建筑底部和暗部排列竖线条表现阴影，建筑外墙也可以通过竖线条表现投影，这样一来就可以将简单的远景建筑变得复杂化。

画面中大量空白可以用形态统一的树木来填充。为了进一步节省绘图时间，可以模拟秋冬季树木落叶后的形体，只绘制树干、树枝与树梢，少绘制或不绘制树叶。由于缺少树叶，树木会失去活力，为了丰富画面的装饰效果，可以将树木平行化处理，即使所有树木的主干大致平行，分枝结构也大致平行，通过这种方式绘制出来的树木具有装饰效果，且能大幅度节省绘图时间。在此过程中，只需要注意远近、虚实关系与繁简对比。

地面面积不宜保留过多，因此要将主体建筑的视平线降低，这样地面的道路、草坪、山石均可快速完成绘制。天空可大面积留白，为后期着色或添加云彩预留空间。

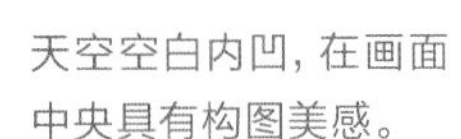

天空空白内凹，在画面
中央具有构图美感。

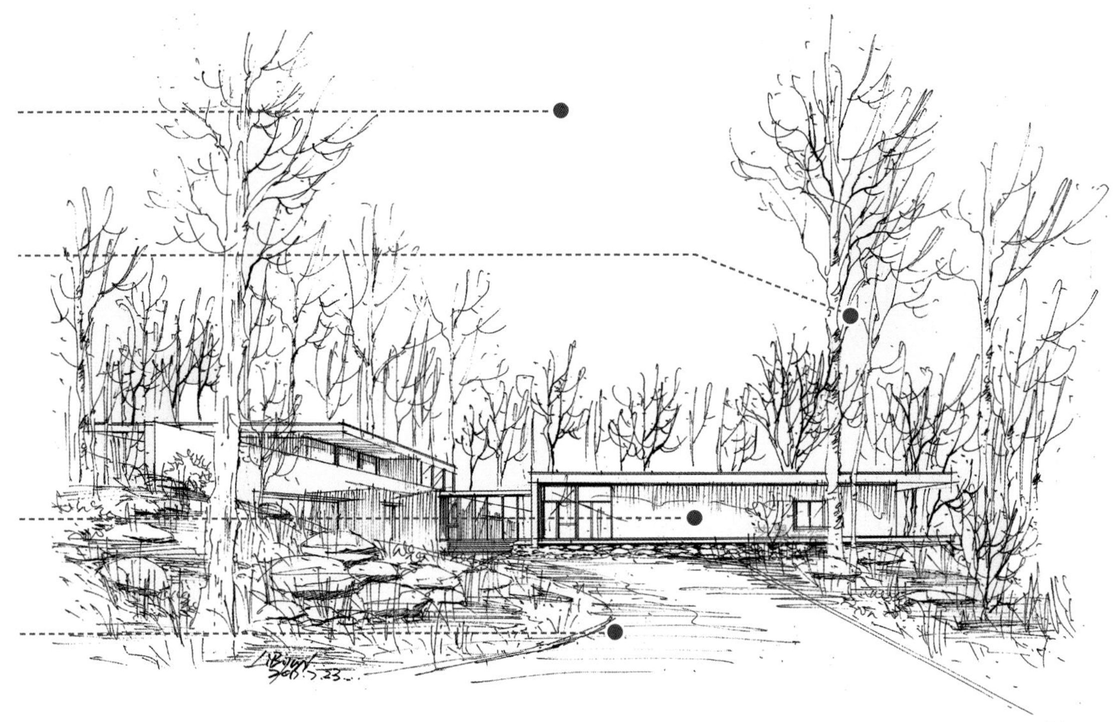

冬季树木并不是完全
没有树叶，可以零星
作点笔。
近处水面边缘左曲右
直形成对比构图。

横向布局的走廊很好
地平衡了画面构图。

▲建筑景观线稿（李碧君）

建筑上方空白给后期着色留下空间，建筑结构中比较高耸的构造要明显。
作为主体建筑，中心构造要详细刻画，强化明暗对比。
绿化植物要表现出阴影，突出体积关系。
喷泉水柱采用双线绘制，具有流畅的造型和体积感。

▲别墅景观线稿（刘梅）

将较高树木的树叶安排到天空中，能减少对建筑景观的遮挡。
遮挡建筑构造的树木的叶片之间不画建筑。
直线构造在景观线稿中是必不可少的，能撑起画面的重量感。
近处木栈道地面线条水平绘制，体现出画面一点透视效果。

▲度假村景观线稿

用快线绘制树叶用笔要重，因为要用较少的线条来表现较多的枝叶。

景观中建筑构造是必不可少的，自身对比要强，用线要深。

位于画面中央的绿化植物处于受光面，是树木与地面之间的分界，因此保持较大面积空白。

位于画面中央的人物要精细绘制，属于烘托画面氛围的关键环节。

▲度假村景观线稿

位于画面边侧的树梢向中央倾斜，具有向心感。

画面最远处的景色是山峰，周围树木要预留出空间。

一点透视的消失点不一定在画面最中心，可以向左右两侧偏移。

水池中的倒影用线条密集排列，提高整体画面的层次感。

▲度假村景观线稿

位于画面两侧的树木要画得高耸一些，以平衡构图。

远处建筑的体量要通过屋顶线条和屋檐下的阴影来突出。

近处的树干简单表现，树干自身笔墨不多，可通过周围绿化植物来衬托。

亭子后部的绿化植物要精简表现，以衬托亭子。

▲公园景观线稿

远处建筑上部线条向上延伸，但是不要超过树木的高度。

建筑自身的明暗对比要加强，才能在绿化植物中脱颖而出。

位于画面中心的绿化植物，要细致表现，区分前后层次关系。

近处的灌木与花台也是刻画重点，但是明暗对比不要太强。

▲公园景观线稿

远处的树梢可简单表现，虚化处理。

画面中央的建筑屋顶应强化线条排列，以突出重点并区分前后层次关系。

多绘制几条画面中心的透视线条能强化视觉中心。

可加深近处台檐侧面的层次感，指明画面中心。

▲度假村景观线稿

树梢采用自由曲线绘制，密度不能过大。

画面中央的建筑构造尽量精细刻画。

画面左右边缘的绿化植物可以用乱线表现，提高绘制速度。

通过不断加深近处的水面倒影来衬托主体建筑。

▲度假村景观线稿

04

景观手绘着色表现

识别难度

★★★★★

核心概念

色彩、马克笔、彩色铅笔、运笔、留白、对比。

章节导读

本章介绍景观空间着色的基本要领，对景观手绘效果图中常用的陈设、配饰、绿化植物等进行分类，重点讲解单体着色与空间着色的绘制方法，列出部分优秀空间着色实例作品并进行深入分析。

4.1 马克笔表现特点

色彩影响室内空间的层次感，我们在绘制室内设计效果图时，要善于利用色彩，使图形表面上的空间看起来更像一个真实的空间，以达到预期的设计效果。

手绘效果图的色彩与绘画中千变万化的色彩不同，本节讲解手绘效果图中色彩的基本知识。

马克笔的色彩干净、明快，能形成强烈的明暗对比、色彩对比。此外，马克笔颜色、品种多，便于选择也是其重要优点。马克笔也存在缺点，如不能重复修改、必须一步到位、笔尖较粗、很难刻画精致的细节等，这些就需要我们在绘制过程中克服。

本书图例所选用的马克笔是 Touch 牌 3 代产品，价格便宜，色彩多样，其中包括灰色系列中的暖灰（WG）、冷灰（CG）、蓝灰（BG）、绿灰（GG），能满足各种场景效果图。可以用各种颜色的马克笔制作一张简单的色卡，在绘制时可以随时参考。

0	1	2	3	4	5	6	7
8	9	10	11	12	13	14	15
16	17	18	21	22	23	24	25
26	27	28	29	31	32	33	34
35	36	37	38	41	42	43	44
45	46	47	48	49	50	51	52
53	54	55	56	57	58	59	61
62	63	64	65	66	67	68	69
70	71	72	73	74	75	76	77
81	82	83	84	85	86	87	88
89	91	92	93	94	95	96	97
98	99	100	101	102	103	104	107
109	111	112	113	114	115	116	120
121	122	123	124	125	126	131	132
133	134	135	136	137	138	139	140
141	142	143	144	145	146	147	163
164	166	167	169	171	172	173	174
175	178	179	182	183	185	196	198
211	221	222	223	224	225	231	232
233	234	235	236	237	241	242	243
251	261	262	263	271	272	273	274
281	282	283	291	292	293	BG1	BG3
BG5	BG7	BG9	CG0.5	CG1	CG2	CG3	CG4
CG5	CG6	CG7	CG8	CG9	GG1	GG3	GG5
GG7	GG9	WG0.5	WG1	WG2	WG3	WG4	WG5
WG6	WG7	WG8	WG9				

▲马克笔色卡

4.1.1 常规技法

1. 平移

平移是最常用的马克笔绘制技法。下笔的时候，速度要干净利落，将平整的笔端完全与纸面接触，快速、果断地画出笔触。起笔的时候，不能犹豫不决，不能长时间停留在纸面上，否则纸上会有较大面积的积墨，形成不良效果。

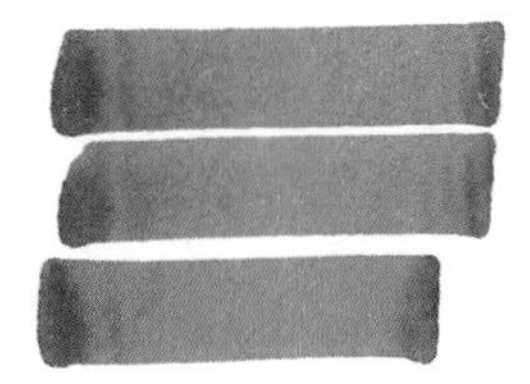

▲平移

2. 直线

用马克笔绘制直线与用绘图笔或中性笔绘制直线方法相同，一般用宽头端的侧锋或用细头端来画，下笔和收笔时应当作短暂停留，形成比较完整的开始和结尾。由于线条细，这种直线一般用于确定着色边界，但是不应将所有边缘都用直线来框定，这样做会令人感到线条僵硬。

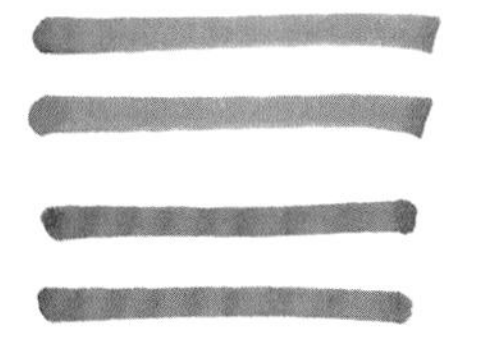

▲直线

3. 点笔

点笔主要用来绘制蓬松的物体（如植物、地毯等），也可以用于过渡，活泼画面气氛，或用来给大面积着色作点缀。在进行点笔的时候，注意要将笔头完全贴于纸面。点笔时可以作各种提、挑、拖等动作，使点笔的表现技法更丰富。虽然点笔是灵活的，但它所表现的图案也应该具有方向性和完整性。我们必须控制边缘线和密度的变化，不能随处点笔，以免导致画面凌乱。

▲点笔

4.1.2 特殊技法

1. 扫笔

扫笔是在运笔的同时快速地抬起笔，并加快运笔速度，速度要比摆笔更快且无明显的收笔。注意，无明显收笔并不代表草率收笔，而是留下一条长短合适、由深到浅的笔触。扫笔多用于处理画面边缘和需要柔和过渡的部位。如果有明显的收尾笔触，就无法表现出衰减效果。扫笔也是我们需要掌握的基本技巧之一。

▲扫笔

2. 斜笔

斜笔技法用于处理菱形或三角形着色部位，这种运笔对初学者来说难以掌握，在实际运用中也不多见。斜笔可以通过调整笔端倾斜度来处理不同的宽度和斜度。

▲斜笔

3. 蹭笔

蹭笔是指用马克笔快速地蹭出一个面域。蹭笔适合渐变部位着色，画面效果会显得更柔和、干净。

▲蹭笔

4. 重笔

重笔是用 WG9 号、CG9 号、120 号等深色马克笔来绘制，在一幅作品中不要大面积使用这种技法。重笔仅用于投影部位，在最后调整阶段适当使用，主要作用是拉开画面层次，使形体更加清晰。

▲重笔

5. 点白

点白工具有涂改液和白色中性笔两种。涂改液用于较大面积点白，白色中性笔用于细节精确部位点白。点白一般用于受光最多、最亮的部位，如光滑材质、玻璃、灯光、交界线等。如果画面显得很闷，也可以点一些。但是点白不是万能的，不宜用太多，否则画面会看起来很脏。

▲点白

瀑布水波纹中适当留白，必要时可用涂改液表现。

水池中的汀步要用马克笔绘制反光。

树梢采用点笔绘制，配制多种色彩，丰富画面效果。

近处的地面铺装材料用摆笔绘制。

▲景观效果图运笔技法

第6天 着色特点

临摹 2 ~ 3 张 A4 幅面景观材质，注重材质自身的色彩对比关系，着色时强化记忆材质配色，区分不同材质的运笔方法。分清构筑物的结构层次和细节，对必要的细节进行深入刻画。

4.1.3 材质表现

在景观效果图的表现中，墙、地面的材质是表现的重点，材质的真实性直接影响效果图的质量。仔细观察生活中物体的材质，会发现不同材质的区别在于明暗、色彩对比。对比强烈的主要是玻璃、瓷砖、抛光石材等光洁的材质，对比不强烈的主要是涂料、砖石等粗糙的材质。

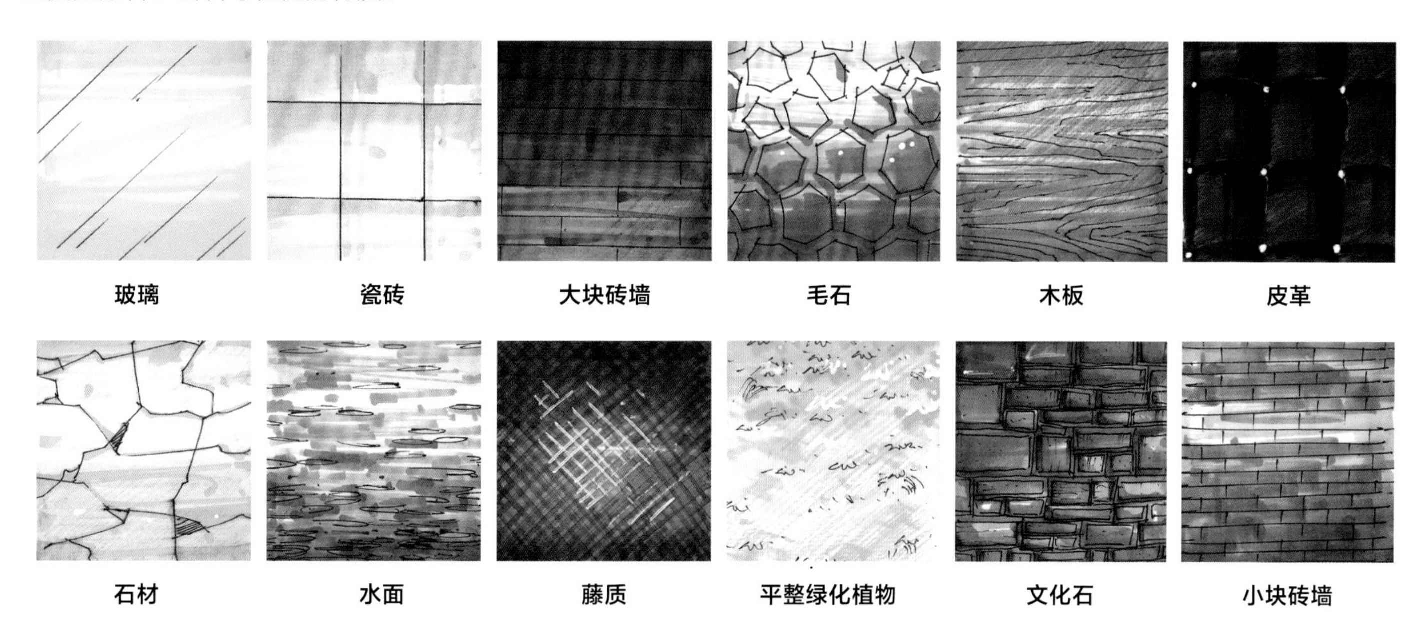

▲各类常用材质单体表现

4.2 彩色铅笔表现特点

彩色铅笔是手绘中常用的工具。对于彩色铅笔，我们通常选择水溶性的，这是因为它可以很好地与马克笔的笔触融为一体。彩色铅笔色彩丰富、细腻，笔画更细。彩色铅笔的优点在于处理画面细节，可以在画面的过渡、完美、统一中发挥作用。如灯光色彩的过渡、材质纹理的表现等。使用彩色铅笔作画时要注意空间感的处理和材质的准确表达，避免画面太艳或太灰。但因为其颗粒感较强，对于光滑质感的表现稍差，如玻璃、石材、亮面漆等。

彩色铅笔也可以在钢笔线稿上着色，也可以直接绘制和着色。彩色铅笔的基本画法分为平涂和排线，可以像画素描一样排线，结合素描的线条来进行塑造。由于铅笔有一定的笔触，所以，在平涂和排线的时候，要注意线条方向，要有一定的规律，轻重也要适度。由于彩色铅笔色彩叠加次数多了画面会发腻，所以用色一定要准确、下笔一定要果断，尽量一遍达到画面所需要的效果，然后再深入调整刻画细节。

彩色铅笔易于掌握，具有很强的遮盖能力。它们可以任意搭配颜色，强调厚重感。同时，它也弥补了马克笔单色的缺陷，可以连接马克笔笔画之间的空白。

▲彩色铅笔笔触

4.3 单体着色表现

着色练习时，也可以单独表现一些局部。局部使用一些环境色，可以使整体色彩更加丰富和谐。巧妙运用色彩能使作品更加精彩，给人更深刻的印象。色彩可以更真实、更准确、更生动地表现艺术形象，使之更具吸引力和艺术感染力。在练习时，我们通常先画好单体，然后把不同单体组合在一起，特别是要注意单体形式之间的关系，如尺寸关系、透视关系、虚实关系等。

4.3.1 景观植物着色表现

1. 乔木

乔木相对于灌木而言更高大。近处的乔木多以单株为主，在绘制时要选好主次。乔木的形体画法与灌木相当，树冠的抖动线轮廓也非常重要，要多练习才能绘制出自然、生动的形体效果。在绘制一直二曲抖动线时，应注意抖线的流畅性及植物形态的变化性，不宜画得太慢，太慢会比较僵硬，显得不自然；也不宜画得太快，太快会显得很随意，找不准结构和准确的形体。绘制枝干时应注意线条不要太直，要用比较流畅且生动自然的线条；也要注意枝干分枝位置的处理，要在分枝处增加节点。

常见的樟树、松树比较简单，与灌木的画法相同，但是热带乔木较复杂，需要重点练习。如绘制椰子树时要注意叶片从根部到尖部的渐变过渡，保证叶片与叶脉之间的距离与流畅性，树干以横向纹理为主，从上到下逐渐虚化。注意叶片是连续画成的，由大到小，树干以顶部为暗部，向下逐渐虚化。椰子树着色与常规植物不同，要根据叶片形态来确定笔触方向，要注意后方叶片是冷色处理，注意近暖远冷的色彩搭配。而棕榈树相对于椰子树而言更复杂，表现时要将多层次叶片与暗部分组绘制。热带树种能进一步丰富室外建筑、景观效果图画面，是当下比较流行的配景。

马克笔真正的精髓在于明暗对比，在乔木的表现上特别突出，浅色植物被深色植物包围，而深色植物周边又是浅色天空或建筑，乔木自身又形成比较丰富的深浅体积，因此，只要掌握好运笔技法与颜色用量，就能达到满意的画面效果，但要注意虚实变化，注意植物暗部与亮部的结合。马克笔点画的笔触非常重要，合理利用点笔，画面效果会显得自然生动。

第7天 单体着色

先临摹 2 ~ 3 张 A4 幅面小品构筑物，厘清小品构筑物的结构层次，特别注意转折明暗交接线部位的颜色，再对照实景照片，绘制 2 ~ 3 张A4 幅面简单的小件物品。

▲乔木着色表现

▲乔木着色表现

手绘贴士

绿化植物绘制技法很多，在大多数情况下，不能过度刻画，否则会抢占画面中心构造的主体地位。对常用的几种绿色要了如指掌，快速选笔着色、一次成型是考试获取高分的关键，最忌在乔木上反复涂改，画面脏污会影响最终得分。

2. 灌木

常见的室外植物主要分为灌木和乔木两类。其中，灌木比较低矮，成丛、成组较多，在现实生活中的形态非常复杂。在手绘效果图中，不可能把所有树叶与枝干都非常写实地刻画出来，因此，要对灌木的形体进行概括。最常见的形体绘制方法就是运用曲直结合的线条来绘制外轮廓，这种线条又称为抖动线。具体画法是一直二曲，即画一段直线再画两段曲线，曲线与直线相结合，在适当的部位保持一定的空隙，通过这种表现方式能将树叶的外形快速画出来。要特别注意的是，不要将灌木的外形表现得太僵硬，正常植物的形态应当非常自然，即使是经过修剪的灌木轮廓，也要表现得轻松、自然。

大多数灌木都用简单的绿色来表现。首先，用浅绿色全覆盖，大面积平铺时也要注意笔触的变化，平移与点笔交互，注意笔触的速度不宜太快，太快会留下很多空白。然后，用中间偏浅的绿色绘制，这时以点绘为主，多样变化笔触。注意保留浅色区域不要覆盖。接着，用较深的绿色绘制少量暗部，不宜选用太深的绿色或深蓝绿色，以免层次过于丰富，超越了主体建筑或景观。如果觉得颜色不够深，可以继续使用深绿色彩色铅笔在暗部与部分中间部位倾斜45° 排列线条，平涂1遍。最后，待全部着色完毕后，可以有选择地在亮部、中间部位采用涂改液少量点白，来表现镂空的效果。

当整幅效果图绘制完毕后，可以纵览全局，有选择地在主要灌木底部点上少量黑色，进一步丰富灌木的层次，增强画面中明暗对比效果。

此外，如果灌木在画面中的面积较大，可以考虑丰富灌木的颜色，除了绿色外，还可以选用黄绿色、蓝绿色、蓝紫色等颜色绘制不同品种的灌木，更能丰富画面效果。

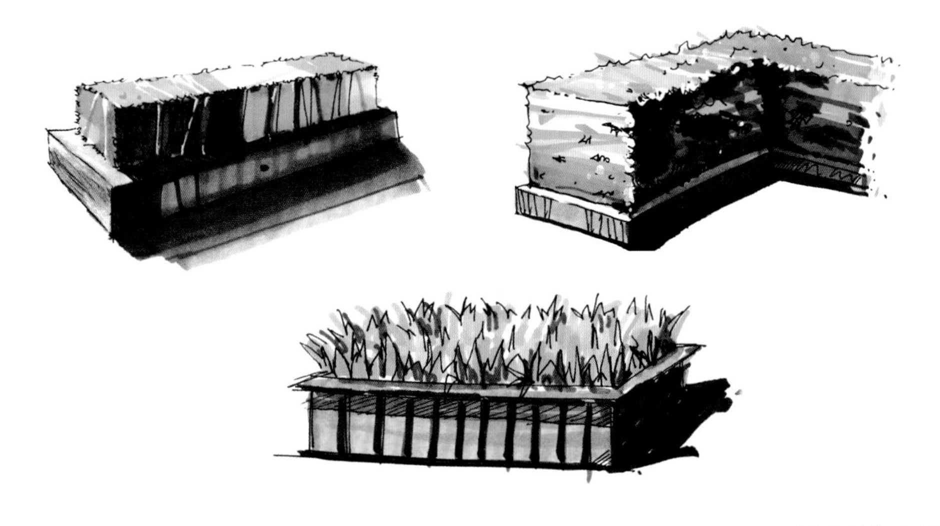

▲灌木着色表现

▲灌木着色表现

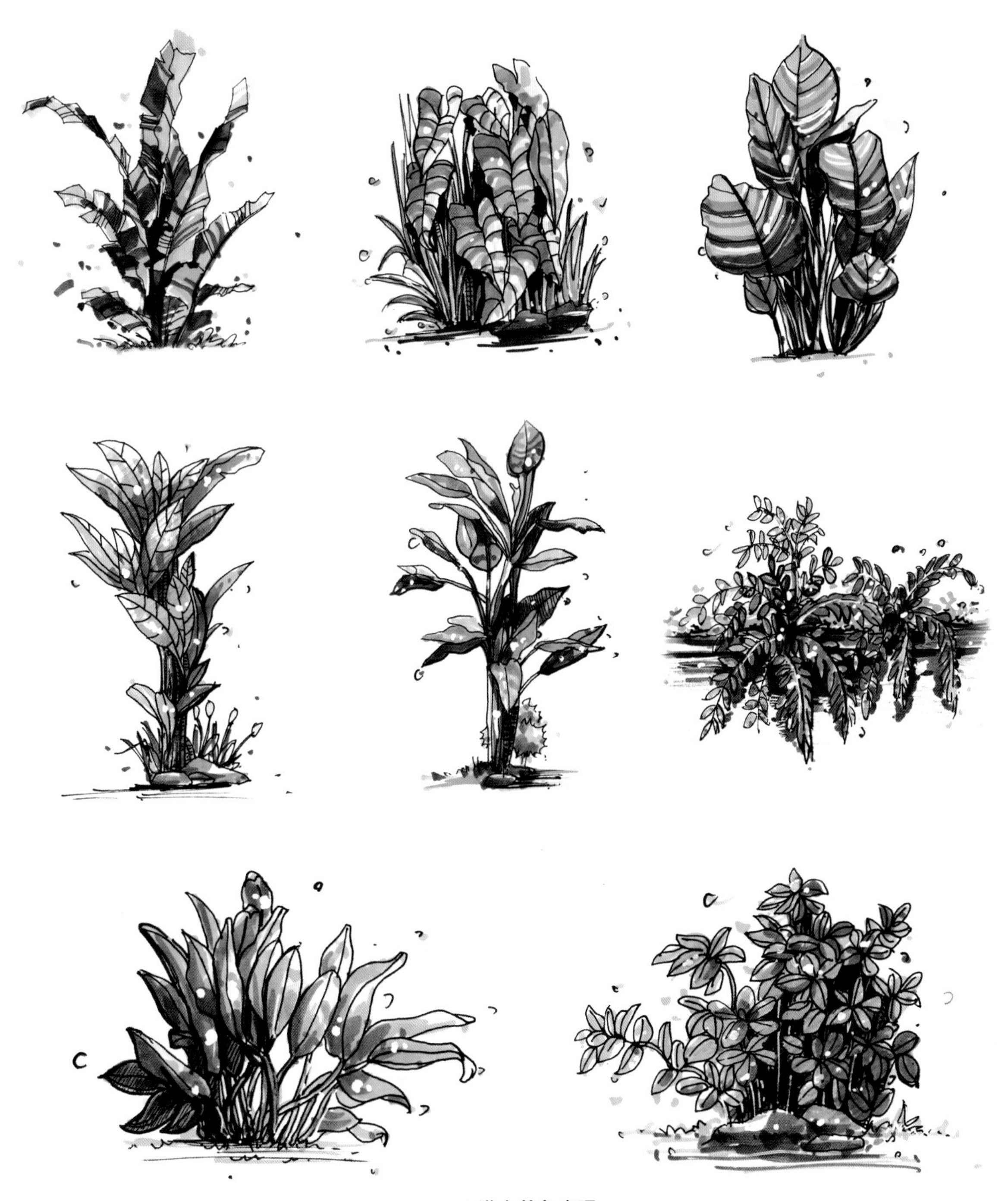

▲灌木着色表现

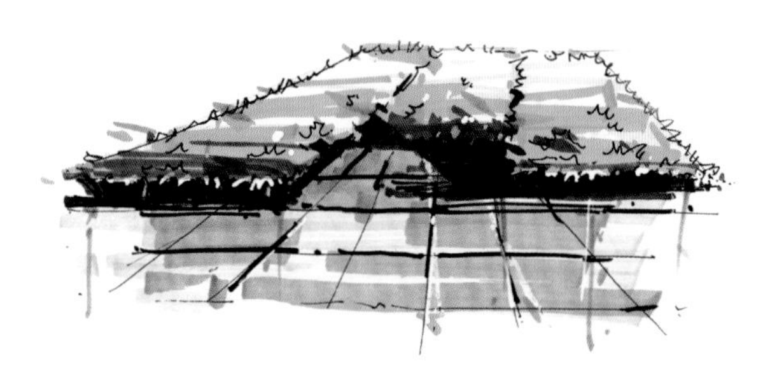

▲灌木着色表现

3. 花卉

花卉的形体结构的画法与灌木相当，但应注意花卉的形体结构要区别于常见的绿化植物。常见的灌木多以一直二曲的线条来表现，而花卉则以圆形、三角形、多边形等来表现。

花卉所处的高度一般与地面比较接近，着色时应注意把握明暗与色彩关系。首先应注意明暗关系，花卉周边的绿色环境应当较深，在灌木着色时可以预留花卉的位置，或者先画花卉，再在花卉周边绘制较深的绿色，这样能从明暗上衬托出浅色花卉。其次应注意色彩关系，单纯的绿叶配红花会显得比较僵硬，花卉的颜色应当丰富化，橙色、紫色、浅蓝色、黄绿色都可以是花卉的主色，并且可以相互穿插，多样配置。如果只选用红色系，那么应尽量回避大红、朱红等较为鲜艳的红色，否则红绿搭配会显得格外醒目，以致喧宾夺主。最后，可以根据需要适当绘制 1 ~ 2 朵形体较大的花卉，借用乔木的着色方式，选择一深一浅同色系的两种颜色来表现一定的体积，甚至还可以在亮部点白表现高光。当然，这类处理不要大面积使用，以免影响整体效果。整体而言，花卉绘制在室外效果图中有所应用，但是需要绘画的内容不是很多，也不太复杂，一切以灌木和乔木绘制为参考即可。

手绘贴士

景观设计中的花卉属于乔木中的一种，它与室内效果图中的盆栽花卉有所区别。虽然盆栽花卉在景观效果图中也存在，但是室内盆栽花卉大多为配景，不能深入刻画描绘，而景观花卉往往会成为画面中心，需要精致刻画。在以自然景观为主的效果图中，花卉的表现应当精致细腻，以自身表现为重点；在以人文建筑景观为主的效果图中，花卉的表现应当简约，以衬托主体构造为重点。

▲花卉着色表现

▲花卉着色表现

▲花卉着色表现

树梢使用马克笔细头作倾斜线条绘制，能表现出亮部与暗部之间的过渡变化效果。

暗部可选用深灰色来绘制。

在枯树的叶梢适当点缀少许叶片或花卉。

树干底部应当绘制投影，投影的颜色要比树干深，能起到衬托树干的作用。

扫码看视频

▲景观植物着色表现

4.3.2 景观山石着色表现

在景观设计中，山石的表现有动静之分，有深有浅。我们在表现山石材质和形态的时候，用笔要干脆，根据不同的石材，表现不同的色彩，最主要的是表现出石头的质感。

石头上色不要太复杂，主要用冷灰色或者暖灰色，应按照线稿的结构来处理出石头的色彩以及明暗的变化。石头的种类不同，冷暖色调的运用也有所不同。

大多数水体旁都会有山石，可以用褐色、棕黄色、灰色系列马克笔绘制，运笔要果断、肯定，尽量用短直线运笔，表现出石材的坚硬质感，注意明暗面的素描关系。

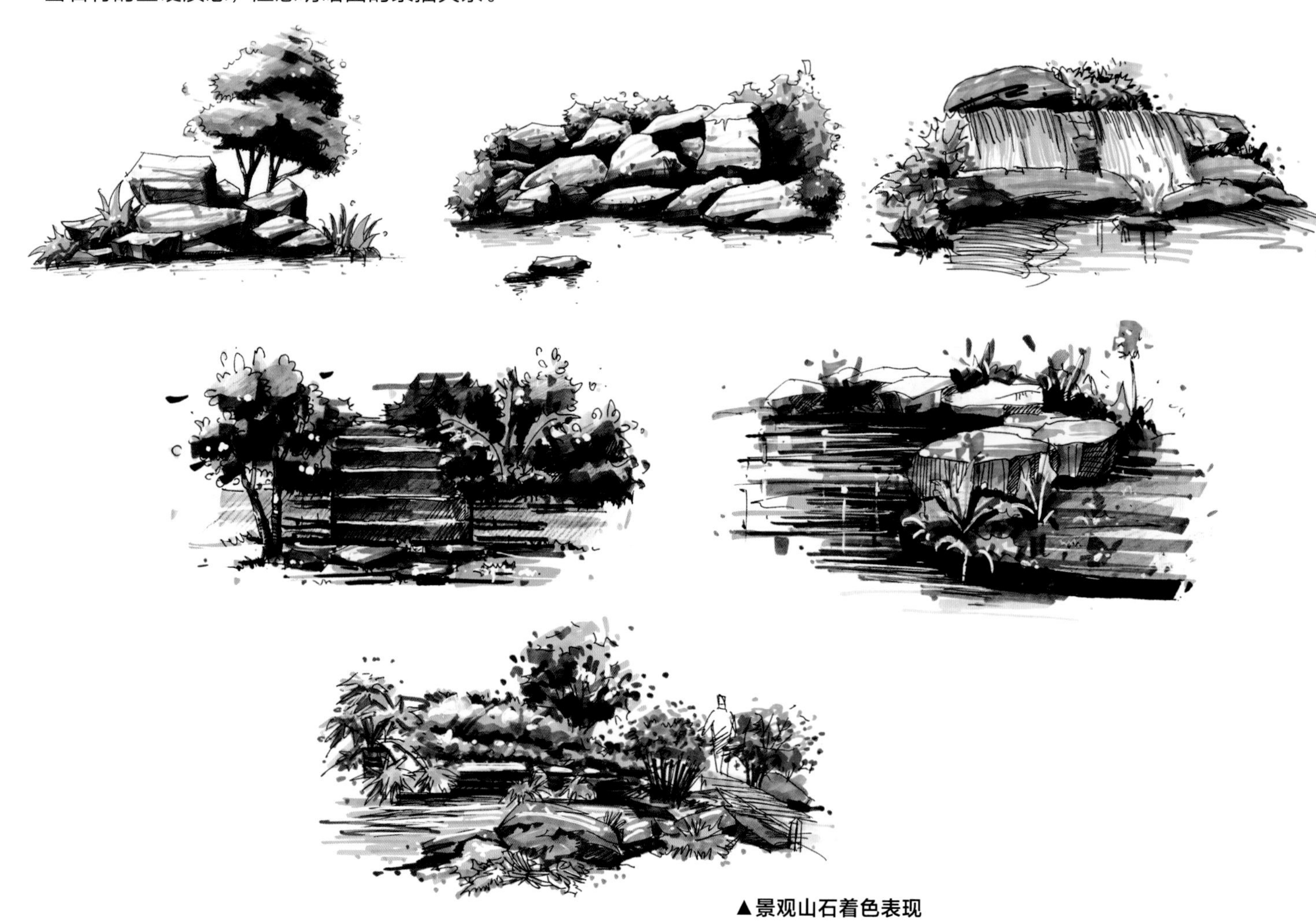

▲景观山石着色表现

▲景观山石着色表现

山石的暗部用马克笔均匀平铺，一般不留空白反光。

山石亮面少许着色。

带转折弧度的山石暗部可用深浅不一的马克笔绘制渐变效果。

山石底部投影应用最深的颜色绘制，使用中灰色作S形笔触收尾。

▲景观山石着色表现

扫码看视频

4.3.3 景观水景着色表现

景观水景的绘制方法一直被认为是景观设计中最难的部分，其实掌握规律就会简单很多。绘制水体结构和线条时，先不要画太多，以免后期着色时无法覆盖浅色区域，仅仅选择少数外轮廓来绘制即可。

绘制一般水体时，要注意水体上方的物体在水体中形成的倒影，与水体自身的波纹相结合。倒影颜色很深，是多种深色的混合体，如深蓝色、深绿色、深灰色等。倒影绘制的重点在于深色与浅色形成对比，配合涂改液点白和白色高光笔排列线条就能达到很好的效果。大面积水面中倒影的形态可以存在，但是不要去精细刻画其中的倒影，以免喧宾夺主。

景墙、跌水、喷泉等元素形体简单，在效果图表现中容易烘托出效果。绘制景墙时要注意透视的准确性和材质质地的表现。绘制跌水时可以利用马克笔扫笔技法绘制出水向下流的速度感，用点笔来绘制周边溅起的水滴，同样，跌水表面如果需要用涂改液来表现高光，那么底色也应当采用深色衬托。绘制喷泉时要抓住喷泉向上喷射的力度与水柱向下降落时产生的水滴效果，这些可以用涂改液或白色高光笔来表现。

水体着色要注重水纹表面与倒影的塑造，避免过多的笔触把水体区域画得很脏，适当加一点天空、山石、绿化植物等环境色。水体中的颜色一般是深蓝色、深绿色等，可以画得较深，方便用涂改液点白，但是不能大面积用灰色，否则植物会显得很脏。大面积水面要重点绘制水面倒影、水纹、水下材质。

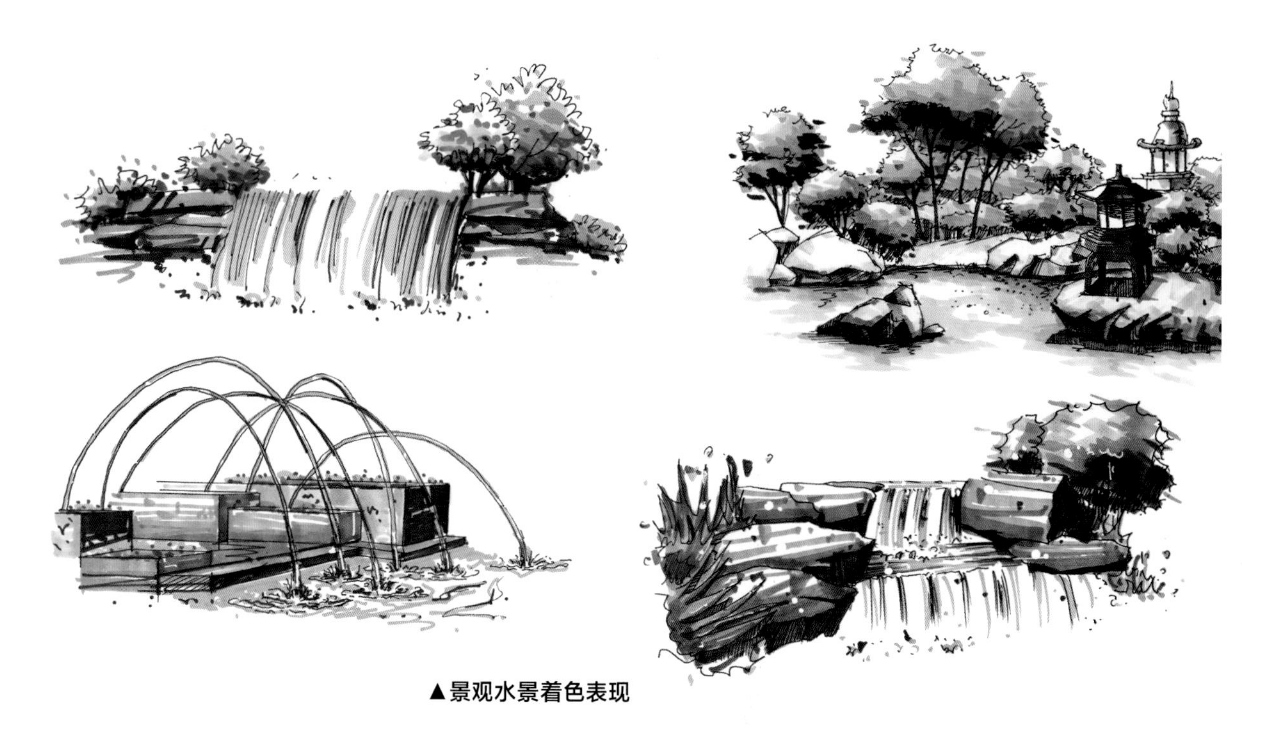

▲景观水景着色表现

▲景观水景着色表现

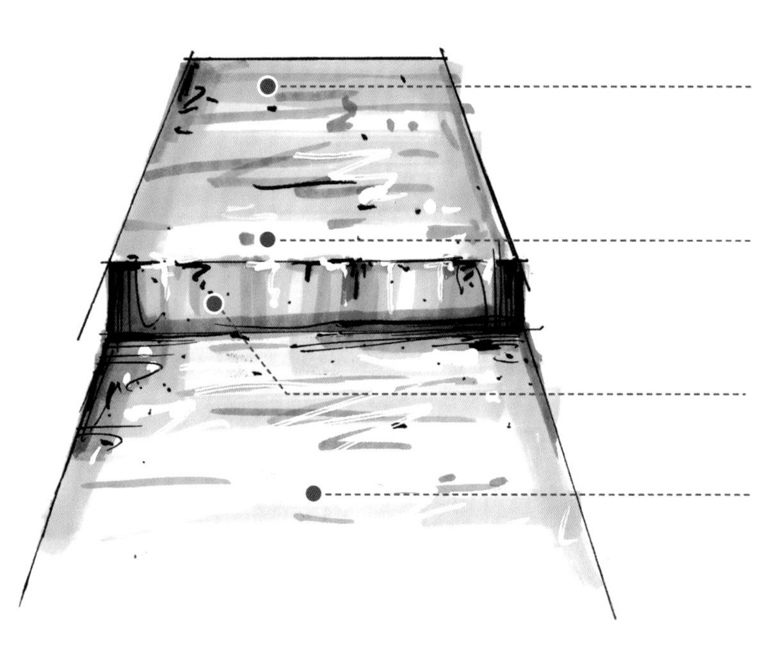

水面远处的亮部要均匀着色，用较深的颜色作S形笔触。

在水面转角处要预留白色高光。

水流垂落面以竖向运笔为主。

水面近处适当使用水灰色点笔，表现水波或反光。

▲景观水景着色表现

扫码看视频

4.3.4 景观小品着色表现

景观小品是室外建筑、景观中的点睛之笔，一般体量较小、色彩单纯，对空间起点缀作用。景观小品多指公共艺术品，包括建筑小品、生活设施小品、道路设施小品，如雕塑、壁画、艺术装置、座椅、电话亭、指示牌、灯具、垃圾箱、健身设施、游戏设施、装饰灯等。

景观小品在手绘效果图的表现中，往往容易被人忽视。其实景观小品的绘画相对比较简单，它不仅具有室外建筑构造的体积、明暗关系，还具备多样的色彩。景观小品在结构表现时应分清主次，主要景观小品可以精细绘制，深入刻画，但是不能喧宾夺主，掩盖效果图中的主体建筑或景观，次要景观小品要将形体与透视绘制准确，所赋予的笔墨不宜过多，线条以轻松、纤细为佳。

在选色配色中，首先考虑的是景观小品的固有色，然后要考虑画面的环境色，在固有色准确的基础上尽量向环境色靠近一些，但是不要失去固有色的本质。景观小品自身的明暗对比不宜过大，不要超过整个画面中的主要表现对象。大多数景观小品的暗部面积不是很大，在选用深色时可以将 2 种颜色叠加，这样颜色会更深，体积感会更强，应注意，不能在景观小品等次要绘制对象上用过深的颜色，尤其是黑色，否则会让整幅作品过于黯淡。

最常见的景观小品是花坛、椅子、坐凳等物品。选择颜色要精准，一般同一种材质可选择 2 种颜色，一深一浅，先画整体的浅色，后画暗面的深色。特别简单的景观小品可以只选择一种颜色，先画整体，后在暗面覆盖 1 ~ 2 遍相同色彩，如果觉得深度不够，还可以用较深的彩色铅笔倾斜 45° 排列线条，平涂 1 遍。

▲景观小品着色表现

手绘贴士

景观小品的着色表现比较单一，为了避免枯燥乏味，应当对简单的景观小品的色彩进行复杂化处理。处理方法主要有两种。一种是对景观小品进行分解，每个形体采用不同颜色，这种方法适用于形体较大的复杂景观小品。另一种是丰富景观小品周围的绿化植物、水景、天空的色彩，即将配景颜色丰富化，但是不宜对配景进行深入刻画，否则会喧宾夺主。

▲景观小品着色表现

▲景观小品着色表现

▲景观小品着色表现

凳子的座面深色、浅色相互交替，来表现木条的体积感。

凳子腿一般选用浅色，周围深色投影能将其衬托。

罐子中间采用略微弧形的笔触，纵横交错运笔。

使用涂改液绘制高光。

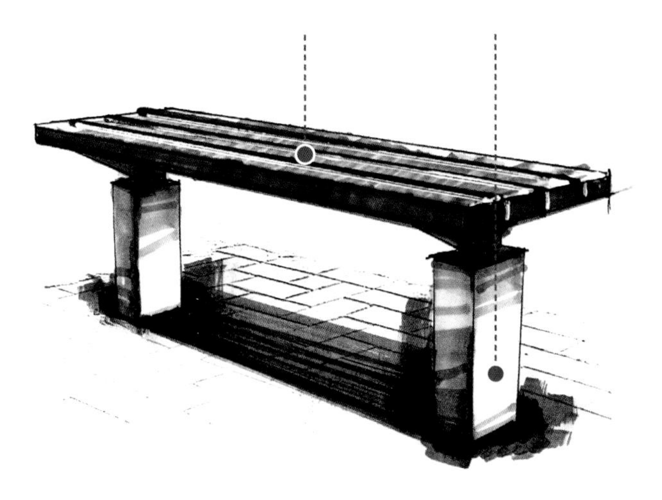

扫码看视频

▲景观小品着色表现

4.3.5 景观门窗着色表现

门窗是景观立面的重要组成部分，门窗的处理会直接影响到景观的整体效果。我们在刻画的时候，需要将门框、窗框尽量画得窄一些，然后添加厚度，这样才会显得不单薄，有立体感。一般凹入墙体的门窗在上沿部分会产生投影。

门窗玻璃的颜色一直是初学者比较纠结的，不知道该用什么颜色，其实玻璃颜色来自周围建筑、景观的影像反射。我们通常用中性的蓝色、绿色来表现，至于选用哪些标号的马克笔就没有定论了。门窗玻璃颜色无须选用固定模式，应随着环境的变化来选择。如果门窗玻璃面积大，周围环境少，可以在玻璃上赋予 3 ~ 5 种深色；如果门窗玻璃面积小，周围环境多，可以在玻璃上赋予 1 ~ 2 种深色。颜色的选用一般首选深蓝色与深绿色，为了丰富立面效果，可以配置少量深紫色、深褐色，但是不要用黑色。门窗玻璃着色时一般是横向运笔，不要被竖向门窗的结构所迷惑，横向运笔能让效果更整体，深色在下，浅色在上，由地面反射颜色，过渡到天空反射颜色。

当颜色赋予完成后，还要表现出玻璃光滑的质感，这也是画玻璃的重点部分。在处理光滑材质的时候，需要用很强烈的对比来塑造，一半是深色，一般是浅色，但是最暗的部位还是不要用黑色，最亮的部分可以留白，也可用涂改液来提亮。现代景观设计中应用的玻璃材质很多，因此，应该在玻璃材质的表现上多加练习。

非玻璃门窗一般选用较深的颜色，如黄褐色的木纹色、红棕色的铁门色等，虽然不用表现反光，但是要和周边墙面的浅色形成对比，应当以深色门窗配浅色墙面为基本原则，如果设计特殊，也可以反其道而行，但是门窗与墙面不能选用同一个明度。

▲景观门窗着色表现

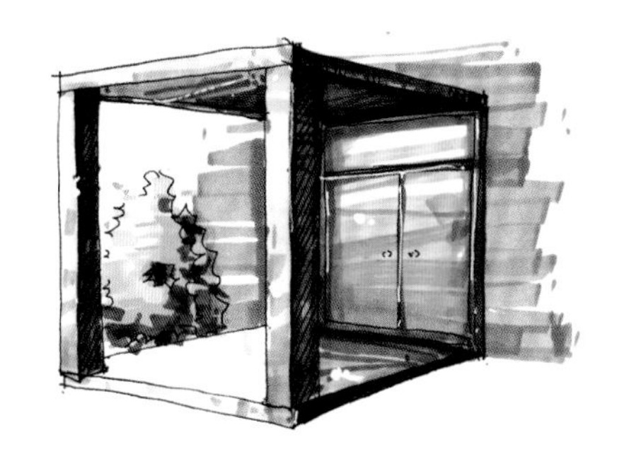

▲景观门窗着色表现

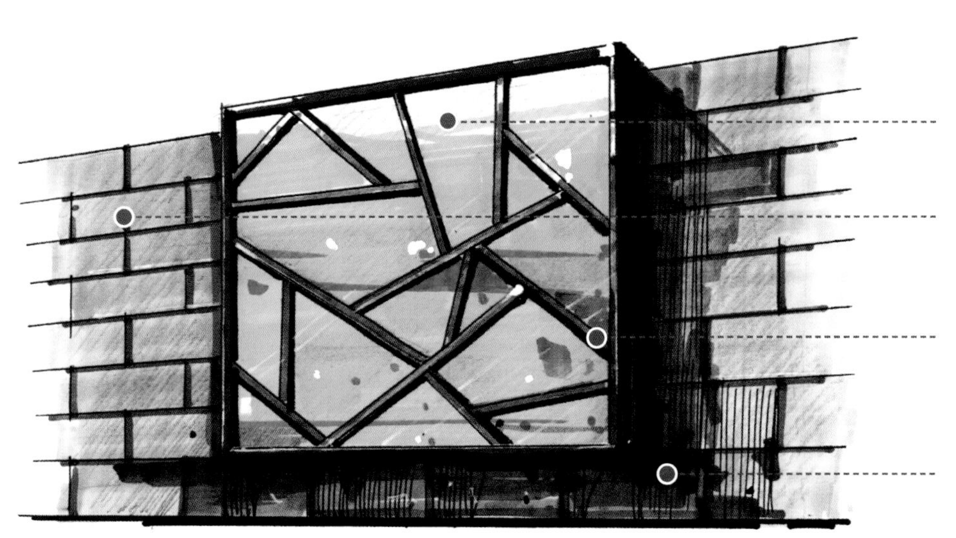

玻璃上部接受光照较强，可以预先留白。

砖墙用冷灰色，覆盖蓝色彩色铅笔线条。

玻璃下部搭配多种颜色，丰富画面效果，同时用白色笔与尺规绘制细线来表现玻璃上的反光。

暗部与阴影应当加深，并用绘图笔排列线条加以强化。

▲景观门窗着色表现

扫码看视频

4.3.6 景观天空云彩着色表现

天空云彩一般都是在主体对象绘制完成后再绘制，因此可以不用铅笔来绘制轮廓，但是轮廓的形体范围要做到心中有数。在室外效果图中，需要绘制天空云彩的部位是树梢和建筑顶部。树梢和建筑顶部本身就是受光面，颜色很浅，在这些构造的轮廓外部添加天空云彩就是为了起到衬托作用，因此，绘制云彩的颜色一般是浅蓝色、浅紫色，重复着色两遍就可以达到比较好的明暗对比效果。

绘制天空云彩时运笔速度要快，可以快速平移配合点笔来表现，在一朵云上还可以表现出体积感。云彩的着色深浅程度应当根据整个画面关系来确定，对于画面效果很凝重的效果图，可以在马克笔绘制完成后，选用更深一个层次的同色彩色铅笔，在云彩的暗部整齐排列呈 45° 角的倾斜线条，甚至可以用尖锐的彩色铅笔来刻画树梢与建筑的边缘。

▲景观天空云彩着色表现

▲景观天空云彩着色表现

▲景观天空云彩着色表现

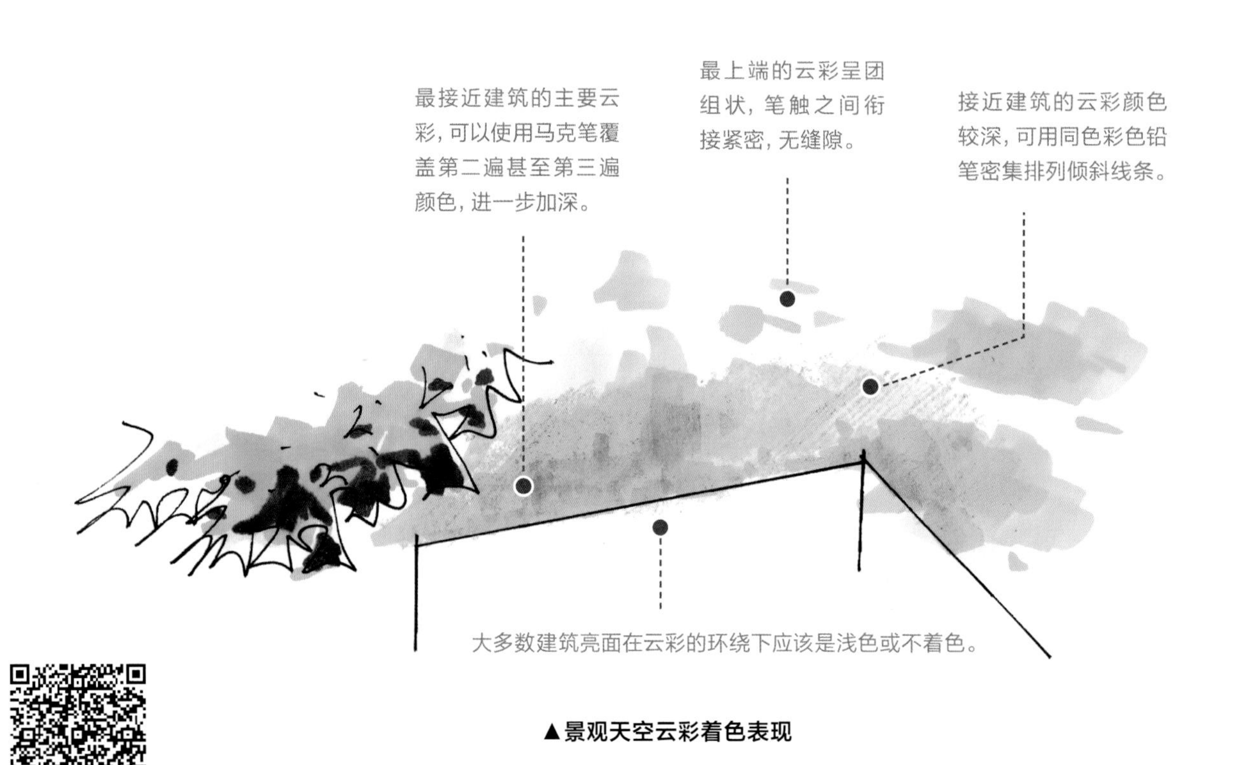

最接近建筑的主要云彩，可以使用马克笔覆盖第二遍甚至第三遍颜色，进一步加深。
最上端的云彩呈团组状，笔触之间衔接紧密，无缝隙。
接近建筑的云彩颜色较深，可用同色彩色铅笔密集排列倾斜线条。
大多数建筑亮面在云彩的环绕下应该是浅色或不着色。

▲景观天空云彩着色表现

扫码看视频

4.4 景观空间着色表现

第8天 空间着色

先临摹2～3张A4幅面线稿，以简单的景观空间为练习对象，再对照实景照片，绘制2～3张A4幅面简单的园林景观空间效果图。

景观空间感通常用拉开景深的手法来处理，如色彩冷暖变化，明暗过渡变化。

色彩的冷暖变化与空间感的处理密切相关。空间的设计重点是远近、虚实的空间变化处理。明暗过渡变化是指光的表现，不同的材质在光的影响下都会产生变化，景观光的效果是固定的，但在日光的影响下，空间会产生多种变化。

设计师可根据前期拟定的色调，选择合适的马克笔开始着色。先开始铺大面积的颜色，用马克笔将图中基本的明暗色调画出来。在运笔过程中，用笔次数不宜过多，而且要准确、快速。如果下笔速度过慢，会使色彩加重，从而使画面浑浊，失去马克笔明亮、透明和干净的特点。用马克笔表现时，笔触多以排线、扫线为主。有规律地组织线条的方向和疏密，有利于形成统一的画面风格。

位于画面上部的云彩呈团组状，笔触之间衔接紧密，无缝隙。

画面中央的主要树木要有体积感，明暗对比强烈。

主体建筑玻璃幕墙反光颜色应较深，这样才能与浅色绿化植物形成对比。

水面倒影可采用绘图笔进行强化，在着色之后用绘图笔排列S形线条。

▲景观空间着色表现

4.4.1 酒店景观着色表现

下图是酒店庭院的一处叠水景观，线稿表现应注意构图、透视、比例和结构的刻画，注意光影和细节的表达，让整个空间完整清晰地表达出来。

先选出两组对比色，一组是褐色、棕色，另一组是蓝色、绿色，再针对每组颜色分别选出 5~8 种马克笔备用，一旦选定好颜色最好不要再临时增补其他颜色，以免因频繁选色、换色而耽误时间。

先绘制第一组褐色、棕色，由浅入深分别表现建筑结构、树木茎干等区域，这一组色彩属于暖色系，可选的颜色种类较多，可以搭配各种红色、橙色、棕黄色来丰富画面效果。再绘制第二组蓝色、绿色，同样也是由浅入深分别表现天空、水面、远处绿化植物，由于冷色的显色性较弱，因此不必寄希望于借此来区分画面的色彩关系，只需快速填涂完成即可。

在画面的最深处要强化对比，可使用白色涂改液点缀水面深处的反光，接着使用黑色绘图笔或深色马克笔进一步强化反光周边的明暗层次，加大黑白对比强度。

景观建筑屋顶是画面中心，建筑构造的着色应当对比强烈。

水的受光面应少着色或不着色。

适当加深水面倒影的颜色。

前景的树木细致表现，高度较大，选用正绿色为佳。

▲酒店景观着色表现

下图是酒店庭院的一处叠水景观，叠水造型是度假酒店景观中常用的设计元素，层次的多样性与丰富性能大幅度提升设计品质，但是叠水的着色很容易雷同，造成主次、远近关系不明朗的效果，因此在表现中要注意增加层次感。

下图的建筑构造较少，因此画面的重心应该集中在叠水景观上，为了保持画面的稳定感，亭子位于构图正中心，而且被远景树木与天空云彩衬托出来。其中，远景树木分 3~4 种绿色填涂，深、浅之间相互交错，彼此之间形成对比，天空云彩由下向上依次变浅，可以让深色云彩与远景树木的明暗层次融为一体，云彩的涂色形体呈横向波折形态，让天空显得富有变化。

近处叠水的构图完全水平，与亭子相映衬，提升画面的稳定感。叠水的两个层级通过石头来表现，即用两层石头来表现这两层叠水，叠水的外部形体采用直尺绘制，让形态更具有挺括感。石头选用冷灰色，其中大块石头分为浅、中、深三个层次，小块石头分为浅、深两个层次，光线均来自顶部，在造型和光影关系统一的前提下，能衬托叠水形态的平稳和自然。

叠水自身分为上表面和侧立面两个层次，由于侧立面面积较大，可将其定为浅色面，采用浅蓝色填涂并预留大面积空白。上表面色彩略深，可穿插使用蓝绿色来映衬周边的绿化植物，这样就能将叠水的体积感表现出来。

平铺着色的云彩可分 2~3 块来表现。

主体建筑上的色彩应选用褐色、黄色或深红色，与绿化植物的颜色形成一定对比。

石头一般选用冷灰色，预留白色来表现高光和铺装材料的体积感。

位于画面边缘的树梢可以不完全着色。

▲酒店景观着色表现

4.4.2 商业广场景观着色表现

下图是商业广场的一处亲水景观。远处建筑着色相对简单，采用橙色与黄色形成中度色彩对比。建筑低处虚化表现，为中景和前景预留空间。建筑处于画面的最远处，因此，可以简化细节，并尽量多画一些建筑来丰富画面层次，以免因天空面积过大而显得苍白无力，这些氛围的营造要与商业广场的主题相匹配。

中景树木要表现出 2~3 个品种，分别采用点笔、摆笔交替着色，以中绿色为核心，选择 3~4 种不同明暗层次和色彩关系的绿色进行辅助，强化出树木局部的体积感。

近景景观建筑是画面的中心，主体结构采用直尺绘制，由于背景色彩层次较丰富，因此，景观建筑的固有色选浅灰色，只需要表现出基本的明暗关系和体积感即可。

水面处理只选用一种蓝色，大面积留白，应弱化水中的明暗对比关系，以免因对比度过强而影响中景和远景的绿化、建筑。水面中的投影采用绘图笔绘制自由曲线表现轮廓，再用长平行线表现阴影。水面周边以地面铺装形体为主，体块感很强，可着重加深水岸交际处的阴影。最后，为了进一步丰富商业广场的环境氛围，可选用粉色、蓝色、黄色来点缀灌木花草。

云彩一般环绕在高层建筑顶端周围。
与高层建筑等高的绿化树木颜色对比要弱一些。
位于前景的景观构造，自身对比要强。
对于景观构造和绿化都特别丰富的画面，水面着色可简单处理，平铺一遍色彩即可。

▲商业广场景观着色表现（张子妍）

下图是商业广场的一处商业广场穿廊水景，主体建筑形态十分丰富，运用了大量曲线，采用两点透视进行构图，给着色带来了困难。为了提高绘图效率，缩短着色时间，可以有选择地进行重点着色。

远景建筑和绿化植物可简单着色或不着色，只要结构形体轮廓绘制完整，就能填充大面积的空白画面，让画面不至于显得空洞、苍白。中景绿化采用单色来表现体积关系，即受光面不着色，背光面着一遍色，这样就能将远景和近景联系起来，形成视觉上的过渡。

中景的穿廊是着色表现的重点，但是框架结构中着色面积较小，可以通过强化背景颜色来衬托穿廊。穿廊结构本身应强化明暗对比，弧形面域上的绿化植物应选用纯度较高的绿色。穿廊中央搭配行人、碎石等来丰富画面，同时强化台阶侧面与地面之间的明暗对比。

穿廊周边的水面采用单色表现，局部留白表现出喷泉水柱的体积感。水池外围的绿地草坪同样也简化着色，用单色笔触来丰富植物的体积感即可。

在快题表现中，树梢的颜色可以单色化处理，甚至可以不选用绿色，蓝色、黄绿色都是不错的选择。

建筑不着色，通过天空云彩的颜色来衬托建筑。

主体着色对象是水景喷泉和具有设计造型的景观构造。

位于画面边缘的不完整花台及构造也可以不着色，但是花台里的植物要着色。

▲商业广场景观着色表现（柏晓芸）

下图是商业广场的一处叠水景观，但叠水和建筑的关系不是主次关系，而是并列关系，因此，中景建筑与近景叠水景观需要同步着色。

建筑着色时选用深红色与棕色，并在明暗关系上选配 3~4 种色彩，先填涂受光面，再填涂背光面。建筑玻璃幕墙中所选用的色彩应当包含天空、绿化植物、建筑的固有色。玻璃幕墙表面适度留出空白作为玻璃反光。如果担心玻璃着色效果不佳，可以选择明装有框幕墙为形体表现对象，对每一个体块中的玻璃反光进行单独着色，由深至浅或由浅至深均可，每个体块中的色彩都可以不同，甚至可以穿插黄色、红色、紫色等进行点缀。

建筑的真实感主要体现在建筑一层与地面广场，这里需要绘制不同形态的人，并对人的衣着进行着色，但应注意人们衣着的色彩对比度不能超过建筑的色彩对比度。

近景叠水位于画面中心，可将叠水的每个层级都分为两个面，即受光面（顶面）与背光面（侧面）。当前构图取景的视平线较高，因此，可以将受光面（顶面）设为亮面，背光面（侧面）设为暗面，这样一来就能轻松把控好着色重点和力度了。

地面井格状铺装与画面边缘之间的关系要处理好，地砖线条延伸至画面边缘时收笔要保持统一，即收笔的落点与画面边缘的间距应当一致。

在商业空间景观效果图中，天空的云彩要富有动感，可以通过直线运笔来表现。
位于画面近处的绿化树木要完整绘制，但是色彩对比不要太强。
主体建筑的玻璃要逐块绘制，分别表现出高光与反光。
中央喷泉的中心具有聚光效果，一般不着色。

▲商业广场景观着色表现（张子妍）

4.4.3 别墅庭院景观着色表现

别墅庭院景观可以从多个角度来取景构图，但是不一定每个角度都能完美反映出设计主题，因此还是以多表现建筑构造为宜。

两点透视能表现出两面主墙，墙面上的细节是绘制重点，墙面着色运笔以横向为主，搭配少量摆笔、点笔，这些笔触主要用于表现绿化植物在墙面上的投影，墙面竖直方向中央偏上部位为受光最强的部位，一般应留白。墙面颜色较浅，因此应通过周边树木和绿化植物来衬托。墙外的绿化植物分三个层次进行表现：加深绿化植物与墙面交界处的投影；地面零星点缀绿化植物；强化自身的体积关系，即加深绿化植物暗部以衬托墙面。

近处台阶表现出丰富的砖砌构造，目的在于平衡画面中心，形成沉稳的视觉效果，砖块的体积感需要通过光影的明暗对比来表现，砖块的上表面采用浅米黄色，砖块的侧表面采用暖灰色，并强化明暗交界线。整个画面的绿化植物较多，因此要画出多种绿化植物色彩，如用偏绿、偏黄、偏蓝三种绿色搭配橙灰、棕绿两种中性色，以此来丰富画面效果。

不完整的树梢末端，可有选择地局部着色。

画面中心的远处绿化植物，可用较灰的颜色来表现。

近处地面上采用浅灰色与灰绿色绘制树叶的投影，运笔技法与天空云彩类似。

楼梯台阶的投影颜色较深，要将每级台阶的体积感表现出来。

▲别墅庭院景观着色表现

下图是别墅庭院的一处水景，主体建筑是一处砌筑凉亭，为了提升画面的中心感，特将该凉亭色彩加深，其中选用了多种深色来丰富造型中的过渡变化，如深蓝色、深紫色、棕色、土黄色等，将这些颜色根据凉亭中的材质进行分块填涂，表现出丰富的色彩效果。

简化表现画面中景的绿化树木，树木的受光面不着色，仅对树木的背光面着色，稍微强化树木的暗面即可。

画面近景是表现重点，灌木的色彩要与乔木区分开，灌木偏黄绿色，乔木偏中绿色或蓝绿色，砌筑花台选用暖灰色。

水景面积不大，因此可以弱化水面着色，强化表现水景旁边的地面铺装与景观雕塑，每一种构造均选用浅、中、深三个不同层次的颜色来表现体积感。

最后，根据画面效果依据个人审美来整体调整画面，强调空间的虚实，加强进深感即可。

主体建筑墙面中间偏右部位，适当使用深色，甚至表现出少许高光，这样能凸显画面的中心部位。

如果画面显得比较沉重，周边树木可不全部着色。

地面选用米色来表现。

水景主体造型的形态刻画细腻、真实，水面接近画面边缘，少着色或不着色。

▲别墅庭院景观着色表现（柏晓芸）

4.4.4 建筑景观着色表现

准确勾勒出线稿，着重刻画建筑结构，比例和透视关系一定要准确，画面稍带一点明暗对比，弱化配景，以免喧宾夺主。

画面中心的建筑方正得体，选用两点透视构图，可将建筑的两个面分别清晰地表现，为了避免画面效果单一，特在建筑外墙进行丰富的造型设计，造型越丰富，着色规律越简单，最终呈现的效果越好。这里选用两组色进行着色，一组为棕黄色，一组为浅蓝色，棕黄色用来表现装饰板材的纹理，浅蓝色用来表现玻璃的反光。由于棕黄色较深，浅蓝色较浅，两者能形成强烈对比，凸显画面中心。

周边绿化植物应简化着色，选用单一色彩即可，以免喧宾夺主。尤其是近处的树梢，应选用蓝色与绿色交替填涂，即可将树木的固有色与天空的云彩色相结合，又能衬托建筑玻璃反光色彩。

与树梢成对角状构图的草坪，也应进行丰富化处理，可选用多种绿色、黄色相互搭配，强化表现草坪与低矮灌木的结构、层次和色彩关系。在这幅画面中最不重要的着色部位是地面铺装，因为建筑、草坪色彩较深，所以地面铺装选用浅色覆盖即能与这两者形成对比。

选用绿色与蓝色来绘制树叶，绘制时换笔速度要快，让两种颜色相互融和。

画面的中景是表现重点，要将阳光的投射光影绘制出来。

近处绿化植物采用点笔绘制，色彩尽量多样。

▲**建筑景观着色表现（柏晓芸）**

第9天 中期总结

自我检查、评价前期关于景观单体表现的绘画图稿，总结形体结构、色彩搭配、虚实关系中存在的问题，将自己绘制的图稿与本书作品对比，重新修改绘制存在问题的图稿。

只有植物的效果图中，要凸显树干，用深色马克笔细头来表现。

在绿色树叶之间点缀少许橙色或黄绿色来丰富画面效果。

树干的颜色应当从深浅上区分。

地面构造轮廓要顺应透视方向来绘制，以此来表现透视感。

▲建筑景观着色表现（金晓东）

接近天空的绿化植物可以用蓝色表现，天空远离植物，天空和植物选用的蓝色也要有所区别。

作为主要景观树木，可以选用橙色、黄色来表现，表现出醒目的视觉效果。

景观中的建筑构造明暗对比要强，表现出强烈的光影效果。

位于画面边缘的水景可简化着色。

▲建筑景观着色表现

05

景观手绘步骤表现

识别难度

★★★★☆

核心概念

步骤、着色、细节。

章节导读

本章介绍 6 种常见景观空间手绘效果图的表现步骤，每幅作品分 5 个步骤绘画，同时指出表现细节，重点讲解每一步的运笔技法和色彩搭配，提炼出景观手绘效果图的精髓，并进行深入分析。

5.1 水体景观效果图表现步骤

本节绘制一处水体景观的效果图，主要表现的对象构造相对简单，重点在于绘制景观构造与水面倒影。

首先，根据参考照片绘制出线稿，对主体对象的线稿的表现尽量丰富。然后，开始着色，快速、准确定位画面的大块颜色，深色的湿地能衬托出较浅的地砖与基座。接着，对周边环境着色，周边环境的色彩浓度与笔触不要超过主题对象。最后，对局部深色进一步加深，用涂改液对水流与倒影作点白处理。

▲参考照片

第10天 水体景观

参考本节关于水体景观的绘画步骤图，搜集2张相关实景照片，对照照片绘制2张A3幅面水体景观效果图，注重水体的反光与高光，深色与浅色相互衬托。

远处高层建筑用直尺绘制，显得挺拔，能够平衡构图。

景观构造的主要支撑构件也用直尺绘制，张拉膜结构可用曲线尺绘制。

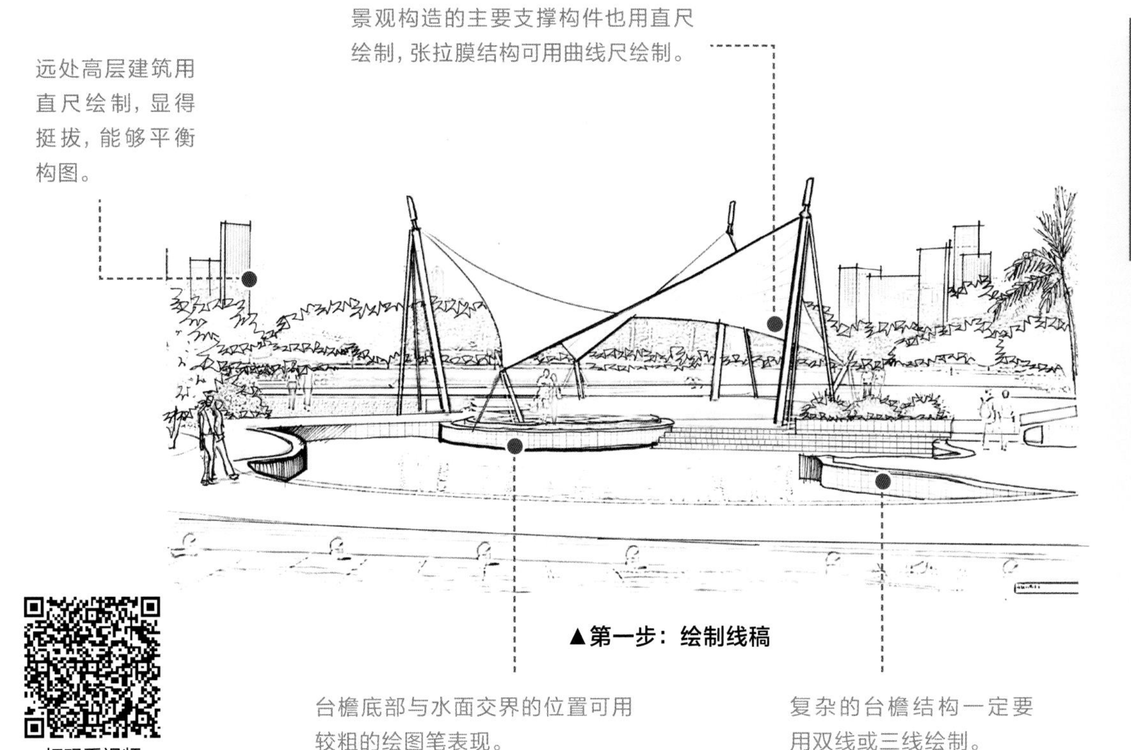

▲第一步：绘制线稿

台檐底部与水面交界的位置可用较粗的绘图笔表现。

复杂的台檐结构一定要用双线或三线绘制。

扫码看视频

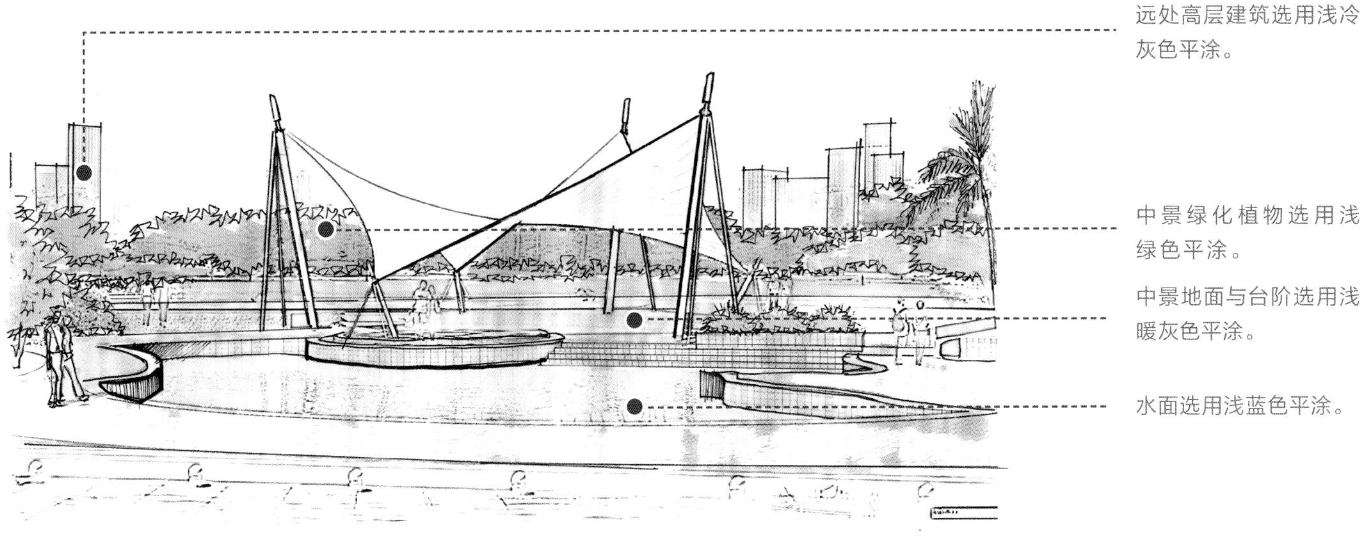

远处高层建筑选用浅冷灰色平涂。
中景绿化植物选用浅绿色平涂。
中景地面与台阶选用浅暖灰色平涂。
水面选用浅蓝色平涂。

▲第二步：基本着色

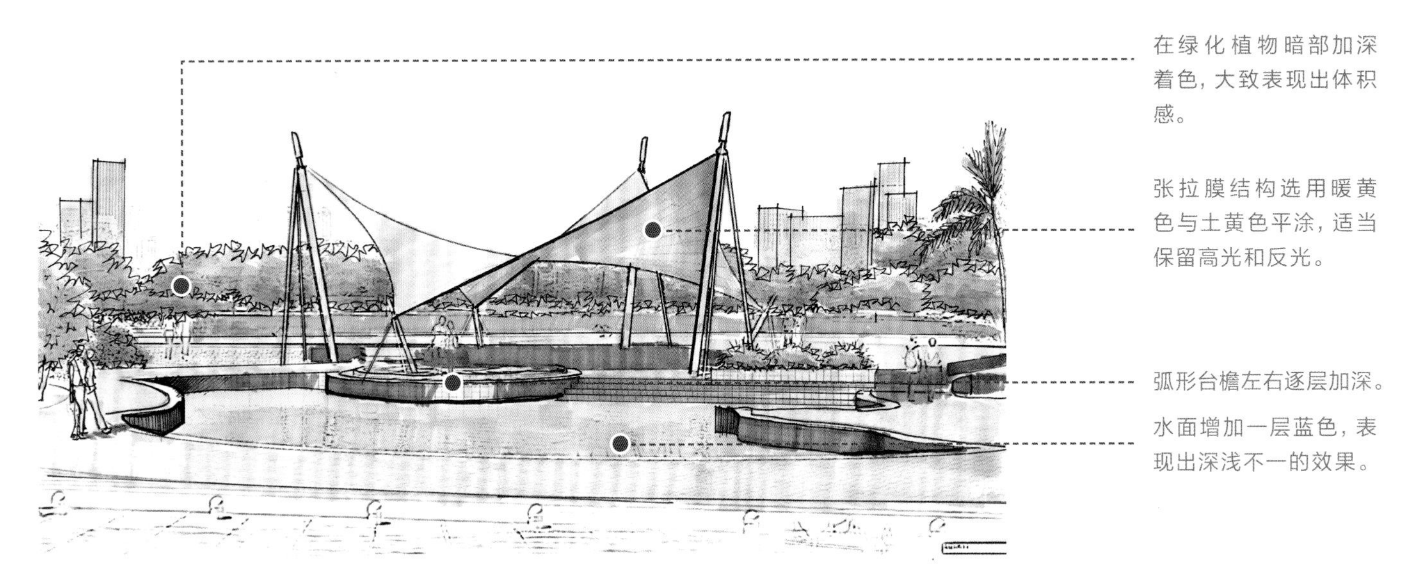

在绿化植物暗部加深着色，大致表现出体积感。
张拉膜结构选用暖黄色与土黄色平涂，适当保留高光和反光。
弧形台檐左右逐层加深。
水面增加一层蓝色，表现出深浅不一的效果。

▲第三步：叠加着色

张拉膜明暗交界线处进一步加深。

细致刻画中景绿化带，一定要保留受光面不着色。

进一步强化弧形台檐两侧暗部。

用略深蓝色马克笔细头来表现水面倒影。

▲第四步：深入细节

浅蓝色马克笔快速绘制天空，笔触之间相互融合渗透。

中景绿化带暗部持续加深，表现出绿化带的体积感。

张拉膜在地面上的投影进一步加深，选用深暖灰色叠加覆盖。

采用涂改液表现水面高光。

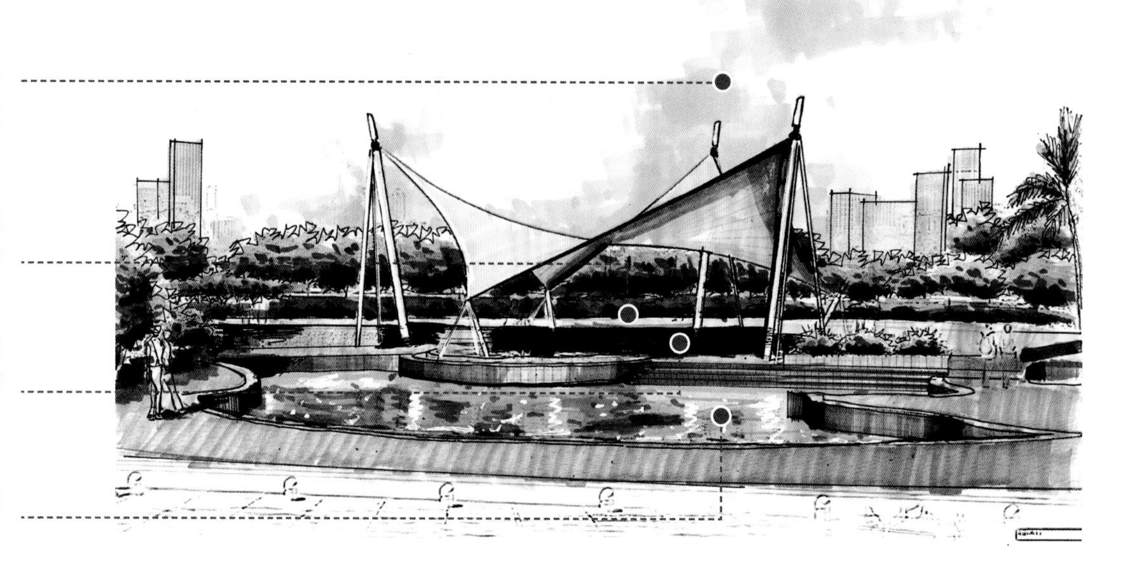

▲第五步：强化对比（程子莹）

5.2 喷泉水景效果图表现步骤

本节绘制一件较大的住宅小区喷泉水景效果图，主要表现的对象构造相对复杂，重点在于绘制细腻的水流与圆滑的主体结构。

首先，根据参考照片绘制出线稿，对主体对象中水流线稿的表现尽量准确。然后，开始着色，快速、准确定位主体构造的大块颜色，颜色既要丰富又不能显得杂乱。接着，对周边环境与水池水面着色，适当加深绿化植物与背景颜色，这样能衬托出主体构造。最后，进一步加深水面局部，用涂改液将水流与倒影作点白处理。整幅画面应特别注意围台的颜色，既要丰富又不能超过主体结构。

▲参考照片

远景绿化植物轮廓线选用曲直结合的自由线条来表现。

主体喷泉构造选用较粗的绘图笔表现轮廓，局部细节可用双线绘制。

用较细的绘图笔断续绘制出喷泉形体。

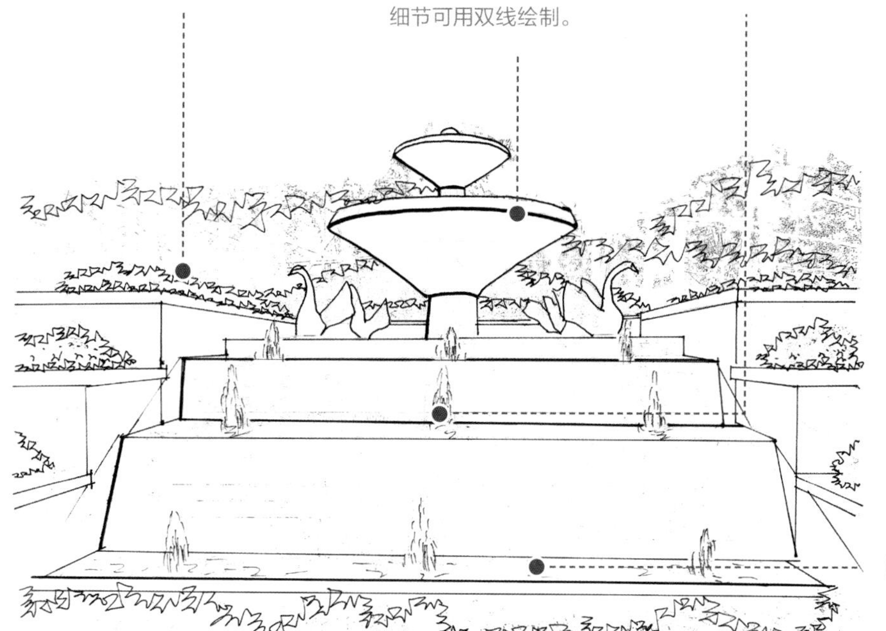

用直尺绘制叠水台檐。

▲第一步：绘制线稿

扫码看视频

第11天 喷泉水景

参考本节关于喷泉水景的绘画步骤图，搜集2张相关实景照片，对照照片绘制2张A3幅面喷泉水景效果图，注重水体的反光与高光，深色与浅色相互衬托。

用较浅的绿色马克笔对远景绿化植物进行平涂。

选用浅暖灰色马克笔对喷泉主体构造进行平涂，适当表现体积与光影关系。

选用浅暖灰色马克笔对叠水纵向面横向平涂。

选用稍微偏蓝的浅绿色马克笔对近景绿化植物进行平涂。

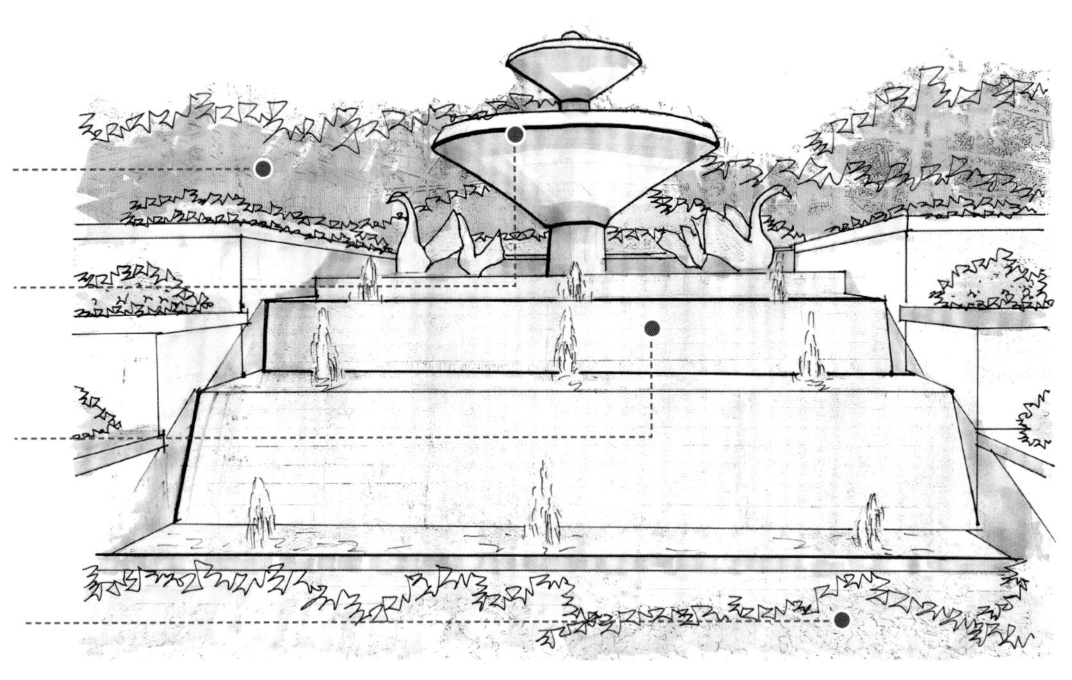

▲第二步：基本着色

选用较深的黄绿色马克笔表现远景树木暗部。

选用暖灰色马克笔强化喷泉构造。

选用暖黄色马克笔对叠水纵向面进行平涂，并强化底部，这样能衬托出水面的浅色。

选用中绿色持续叠加近景绿化植物。

▲第三步：叠加着色

选用较深的暖灰色强化喷泉构造暗部，最终表现出喷泉构造的体积感。

用较深的中绿色来加深远景绿化植物的暗部。

选用黄绿色马克笔平涂叠水的上部，这样颜色能与绿化环境相融合。

选用略微深蓝色的马克笔的细头来表现水面倒影。

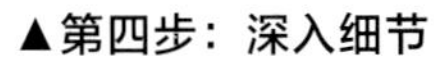

▲第四步：深入细节

可用自动铅笔或较细的绘图笔添加远处茂密的丛林，但是不着色，可以丰富画面空间层次。

选用深暖灰色来处理喷泉构造的阴影面。

采用涂改液作点笔，表现喷泉的水花效果。

进一步加深左右两侧墙面的层次，将中央水景喷泉的浅色衬托出来。

▲第五步：强化对比

5.3 庭院景观效果图表现步骤

本节绘制庭院景观入口效果图，重点在于将非对称的构图变得简单且有条理化。

首先，根据参考照片绘制出主体轮廓线稿，对楼梯台阶两侧的绿化植物进行分层次绘制，线条注重主次变化。然后，开始着色，对楼梯台阶两侧的灌木进行分色处理，低处与高处的灌木设计出不同的绿色，避免形成单调的效果。接着，对围墙、地面等界面进行着色，逐个绘制墙面，让背景衬托出前景。最后，选用深色马克笔与勾线笔对暗部进行加深，需要特别注意的是墙面转折处的色彩对比。

▲参考照片

采用直尺绘制庭院周边墙体，并用较细的绘图笔来点绘墙面，表现出墙面的肌理效果。

简化绿化植物的树叶，强化茎干。

楼梯台阶的透视方向一定要准确，这是景观效果图造型的灵魂。

用双线或三线来表现近处复杂的结构造型。

▲第一步：绘制线稿

扫码看视频

第12天 庭院景观

参考本节关于庭院景观的绘画步骤图，搜集2张相关实景照片，对照照片绘制2张A3幅面庭院景观效果图，注重绿化植物的色彩区分，避免重复使用单调的绿色来绘制植物。

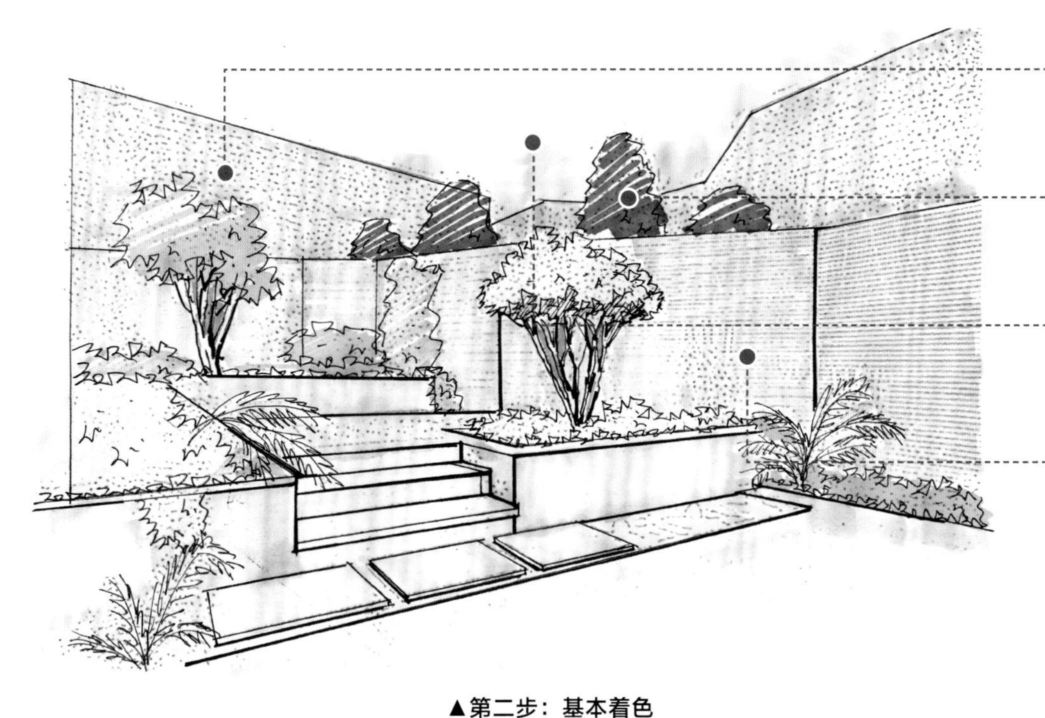

选用浅暖灰色马克笔全面覆盖周边围墙。

选用中绿色表现庭院内绿化植物,运笔方向倾斜,马克笔宽头与细头同时使用。

选用浅绿色适当表现墙外远景绿化植物。

选用浅米黄色覆盖墙面。

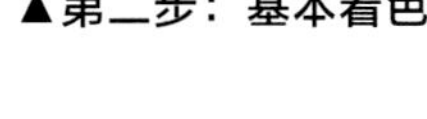

▲第二步：基本着色

选用较深的棕色来绘制树木茎干。

另选一种略深的米黄色二次覆盖墙面。

选用冷灰色马克笔来表现楼梯台阶与花台。

选用较浅的冷灰色马克笔来表现地面，地面可分两个层次先后平涂，但是深色不要完全覆盖浅色。

▲第三步：叠加着色

选用深绿色马克笔在树木上作点笔，丰富形体结构与画面层次。

选用棕黄色马克笔继续覆盖墙面，表现出不同的明暗关系与简单的阴影。

用较深的冷灰色马克笔表现台阶的暗部。

选用两种浅蓝色交替绘制水面。

▲第四步：深入细节

选用较深的棕色来表现植物在墙面上的阴影。

选用较深的棕色马克笔细头横向运笔，表现墙面材质的肌理效果。

用深冷灰色马克笔细头作挑笔与S形摆笔来丰富地面材质的纹理。

使用涂改液表现出喷泉的水花效果。

▲第五步：强化对比（程子莹）

5.4 屋顶景观效果图表现步骤

本节绘制屋顶景观效果图，重点在于将简单的构图复杂化、层次化。

首先，根据参考照片绘制出线稿，对主体对象分层、独立、精确地绘制。然后，开始着色，对中央灌木进行分层着色，避免形成单调的色彩关系。接着，逐个绘制背景与搭配植物，利用深色衬托出浅色。最后，通过短横笔与点笔来丰富画面，进一步加深地面的颜色，并对地面铺装分块细致绘制。应特别注意中央乔木的间隙与留白处理。

▲参考照片

扫码看视频

第13天 屋顶景观

参考本节关于屋顶景观的绘画步骤图，搜集2张相关实景照片，对照照片绘制2张A3幅面屋顶景观效果图，注重画面的虚实变化，避免喧宾夺主。

画面边缘的树梢采用曲直结合的线条表现，主要绘制暗部。

太阳伞采用直尺绘制。

地面铺装材料是表现画面重量感、体积感和透视感的关键，画到中远处可不再绘制过于密集的横线。

家具造型透视一定要正确，这是画面的中心。

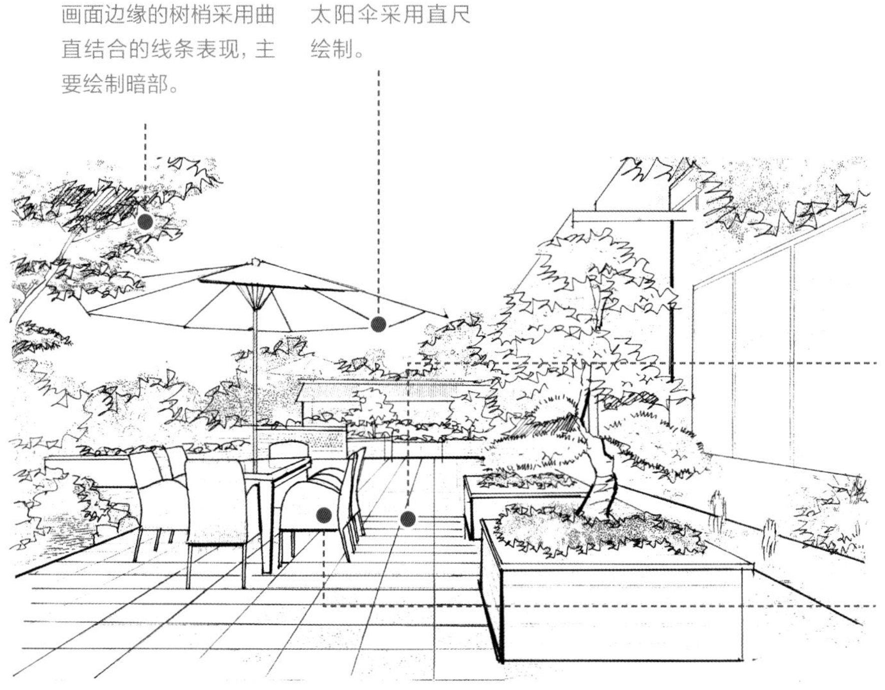

▲第一步：绘制线稿

选用浅绿色平铺绿化植物。

选用浅蓝色平铺太阳伞。

选用两种浅米黄色绘制家具。

选用浅冷灰色平铺墙面。

▲第二步：基本着色

选用中绿色强化树梢暗部,点笔、摆笔交替使用。

远处墙体选用深灰色绘制，深灰色能衬托出浅色绿化带的亮面。

选用土黄色表现家具和太阳伞的阴影。

选用较深的冷灰色来强化花台的明暗交界线部位。

▲第三步：叠加着色

采用细绘图笔在树梢暗部排列斜线，能强化阴影，增强明暗对比。

选用较深的绿色来表现绿化植物的暗部，少许亮部保持空白不着色。

周边墙面可选用浅绿色作摆笔与点笔来表现树木的投影。

选用较深的棕色来强化家具在地面上的阴影。

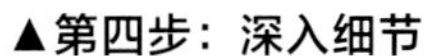

▲第四步：深入细节

选用中蓝色对太阳伞的局部进行着色，丰富画面效果。

选用深棕色强化家具暗部。

选用棕色彩色铅笔排列倾斜线条，能丰富远景地面层次。

选用蓝灰色彩色铅笔排列倾斜线条，能统一花台暗部层次。

▲第五步：强化对比（程子莹）

5.5 景观小品效果图表现步骤

本节绘制景观小品，效果图重点在于通过线条来强化不锈钢金属质地。

首先，根据参考照片绘制出线稿，精确绘制其中圆形构造的立体透视形体，强化侧面明暗交界线处的线条与阴影反光处的线条。然后，开始着色，先对景观主体构造强化着色，先不画亮面，只画暗部；暗部可以适当加深，还可以适当留出反光部位不画。接着，逐个绘制背景与搭配植物，利用深色区域衬托出浅色区域，注意对背景与配饰有选择地着色，不要画得过多。最后，采用涂改液来强化局部高光，进一步加深绿化植物的暗部颜色。

▲参考照片

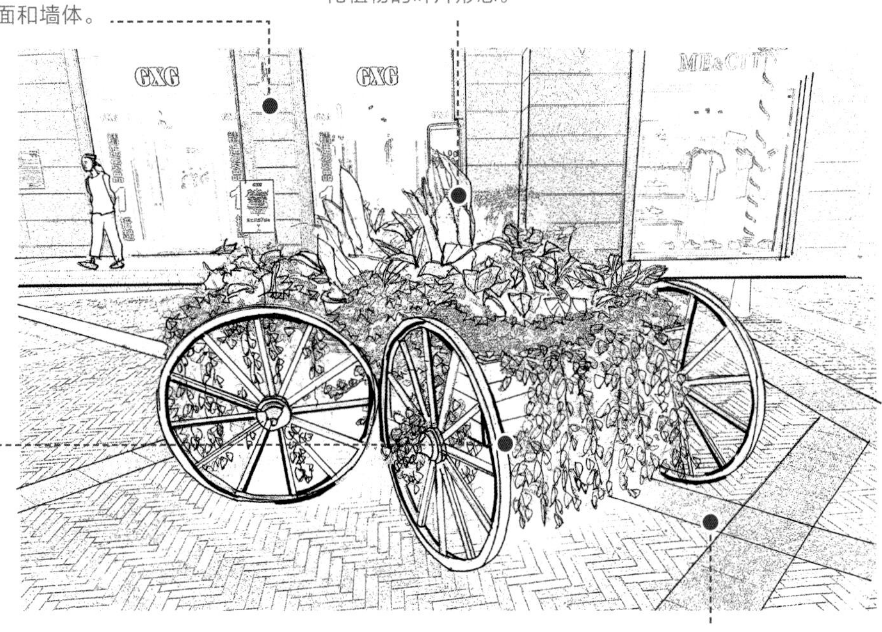

采用较细的绘图笔细致刻画远处的店面和墙体。
采用较细的绘图笔表现多种绿化植物的叶片形态。
车轮的弧形一定要绘制得很流畅。
一定要细致刻画地面铺装材料，让画面显得更均衡、饱满。

▲第一步：绘制线稿

第14天 景观小品

参考本节关于景观小品的绘画步骤图，搜集2张相关实景照片，对照照片绘制2张A3幅面景观小品效果图，注重画面的虚实变化，避免喧宾夺主。

扫码看视频

选用浅冷灰色平铺远处墙面。

选用浅绿色平铺绿化植物。

选用两种浅黄色交替平铺绿化植物底色。

选用浅冷灰色平铺地面。

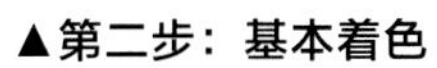

▲第二步：基本着色

逐层加深墙面和地面，有选择地表现墙面和地面构造。

逐层加深绿化植物的暗部。

采用深褐色来绘制车轮，适当保留高光。

选用深灰色强化地面阴影。

▲第三步：叠加着色

另选一种冷灰色交替表现墙面。

选用深绿色来绘制绿化植物的暗面与投影。

进一步强化地面阴影。

选用多种深浅不一的绿色、黄色、棕色来表现垂落的绿化植物。

▲第四步：深入细节

在车轮间隙间不断强化阴影。

采用涂改液来表现绿化植物的亮部和高光。

采用涂改液来表现车轮的亮部和高光。

▲第五步：强化对比（程子莹）

5.6 建筑景观效果图表现步骤

本节绘制建筑景观效果图，重点在于将建筑的纵深感表现出来。

首先，根据参考照片绘制出线稿，精确绘制建筑形体与透视，将远处的绿地也包容进来。然后，开始着色，选准建筑的主体颜色与阴影颜色，加深建筑暗部与阴影色彩。接着，对地面场景进行着色，绘制远处绿地，并且逐层加深，加深后的远处绿地要能衬托出建筑。最后，采用彩色铅笔排列线条，要能凸显出建筑表面的质地。特别注意建筑的形体关系与光照方向，近处与远处的形体结构有虚实差异，但是也不能相差过大，应把握好其中的微妙关系。

▲参考照片

使用直尺来绘制建筑主体结构与细节。

位于画面边角的树梢，可选用较细的绘图笔轻度绘制。

绿化植物的形体结构采用粗细不同的轮廓来表现。

对近处灌木的阴暗面密集绘制竖向平行线条，以强化明暗关系。

▲第一步：绘制线稿

扫码看视频

第15天 建筑景观

参考本节关于建筑景观的绘画步骤图，搜集2张相关实景照片，对照照片绘制2张A3幅面建筑景观效果图，注重地面的层次与天空的衬托，重点描绘1～2处细节。

选用浅绿色覆盖绿化植物。

选用浅米黄色与冷灰色覆盖建筑。

另选一种绿色来表现中景树木。

选用草绿色来表现地面绿化植物。

▲第二步：基本着色

选用棕黄色覆盖建筑暗部。

选用棕红色覆盖画面边缘的植物。

选用棕黄色表现中景绿化植物暗部。

另选一种棕色来表现树干。

▲第三步：叠加着色

选用深绿色来强化树木暗部。

位于画面边缘的绿化植物的颜色要区别于画面中心的绿化植物色彩。

不断加深建筑暗部与投影。

采用多种颜色来表现画面中央的植物。

▲第四步：深入细节

选用蓝色彩色铅笔密集排列倾斜线条，来表现天空云彩。

植物的间隙处选用各种灰色来填补，能表现远景的朦胧。

进一步加深近处灌木的暗部层次，与建筑主体的阴暗面形成呼应。

▲第五步：强化对比（程子莹）

选用浅黄色平铺树叶，再逐层加深并运用点笔来丰富画面效果。

树干下部颜色较深，树干上部颜色较浅，树干上部的浅色能被深色的树叶所衬托。

选用深色马克笔的细头强化表现树枝茎干，灵活运用挑笔、点笔等多种技法。

选用多种蓝色、紫色表现水流和绿化植物。

▲自然景观效果图表现（金晓东）

手绘贴士

在复杂的室外景观空间中，景观布局与建筑结构多样，着色很难分清主次，那么在最初起稿构图时就应找准视角。视角只针对重要的景观结构、景观陈设等，并以这些重点内容为中心进行着色，周边构造可以简化或省略。当着色到画面边缘时，有选择地将一些造型保持空白，能形成空间的延伸感。

06

景观手绘案例赏析

识别难度

★☆☆☆☆

核心概念

技法、对比、平铺、点笔、线条排列。

章节导读

本章介绍大量优秀景观空间手绘效果图，对每幅作品中的绘制细节进行解读，读者既可以临摹本书相关案例，学习其中的表现技法，又可以参考其中的表现细节，指导设计创作。

在手绘效果图练习过程中，临摹与参照是重要的学习方法。临摹是指直接对照优秀手绘效果图进行绘制，参照是指精选相关题材的照片与手绘效果图，参考效果图中的运笔技法进行绘制。这两种方法能迅速提高手绘水平。本章列出大量优秀作品供临摹与参照，绘制幅面一般为 A4 或 A3，绘制时间一般为 60 ~ 90 分，主要采用绘图笔或中性笔绘制形体轮廓，采用马克笔与彩色铅笔着色，符合各类考试要求。

外框轮廓采用圆形模版绘制，达到视觉上统一的效果，也可以采用徒手绘制，但是不宜多画。

树木投影统一方向来表现，可以采用较粗勾线笔在植物外围绘制。

在某些植物中可以密集排列线条来增加植物的明暗对比层次。

▲景观树木彩色平面图

适当绘制浅色绿化植物，能在整体效果中形成一定的色彩对比效果。

手绘贴士

平面图着色不是简单平涂，而是要讲究虚实关系。中心部位可以用马克笔绘制，面域较狭窄的部位可以用彩色铅笔填涂，画到边缘且无边界线时应当特别注意，可以通过逐渐拉开笔触间距来终止着色，不宜仓促结束。

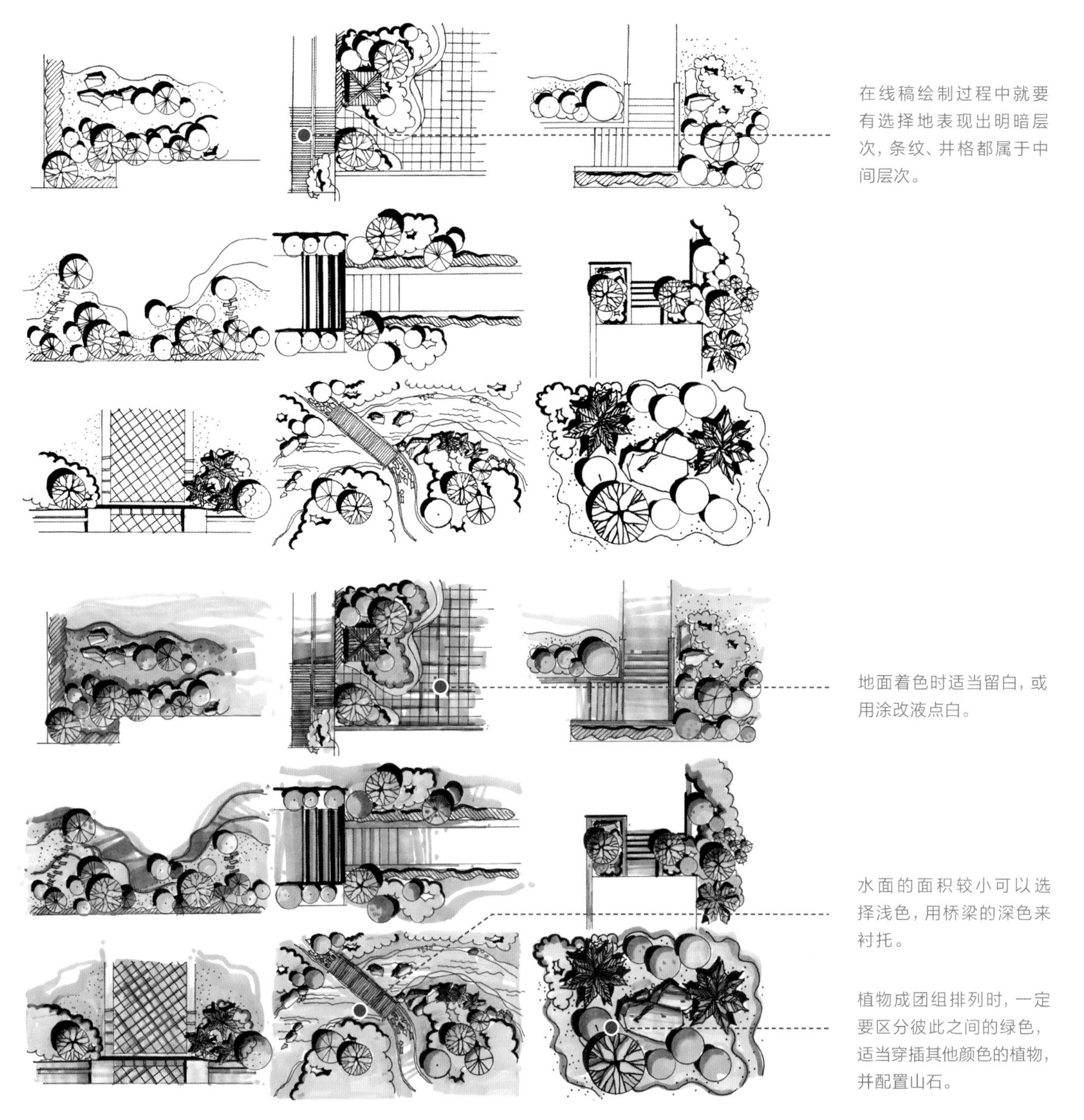

在线稿绘制过程中就要有选择地表现出明暗层次，条纹、井格都属于中间层次。

地面着色时适当留白，或用涂改液点白。

水面的面积较小可以选择浅色，用桥梁的深色来衬托。

植物成团组排列时，一定要区分彼此之间的绿色，适当穿插其他颜色的植物，并配置山石。

▲局部景观彩色平面图

地面铺装材料采用较细的绘图笔仔细描绘，在材料间隙处着色。

小型灌木呈团组绘制，可用彩色铅笔着色，但要强化投影。

水景中的形体要详细刻画，水景和绿化植物分别采用彩色铅笔与马克笔着色。

草坪或无明显铺装材料的地面可用马克笔平铺着色。

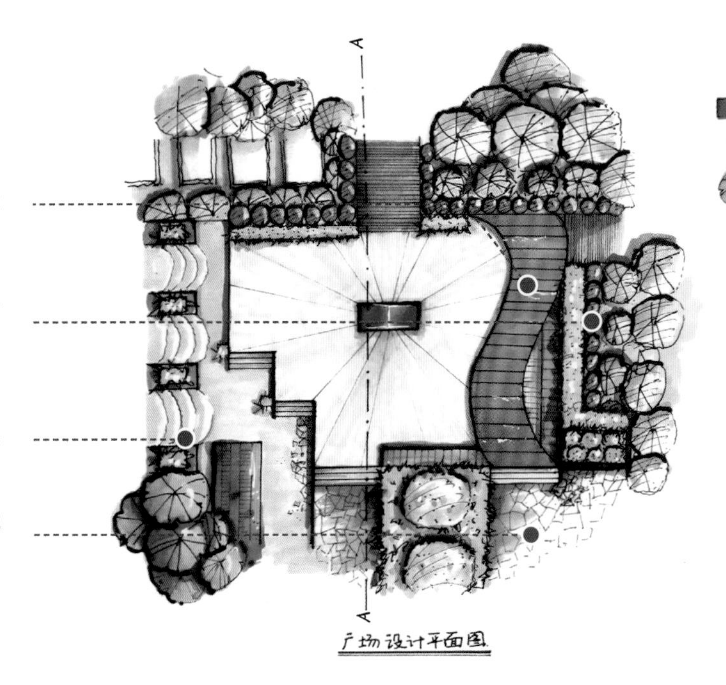

▲住宅小区广场景观彩色平面图

手绘贴士

马克笔多彩技法是一种能快速上手的技法，虽然对技法没有太高要求，但是要求有一定的色彩审美。首先要能对同一种颜色分列出多种近似色，然后要在同一个形体上分出深、中、浅三种同色系的颜色，最后能大胆穿插多种颜色混合搭配。

景观立面图中的建筑部分一般少着色或不着色，尤其是位于画面周边的建筑，浅色能起到过渡缓冲的作用。

从平面图中引出植物进行立体化绘制，是比较直观的构图形式，突破传统平面图比较单一的表达效果。

草坪的着色方法看似简单，但要区分两种或多种不同植被品种时，可在同一种颜色上覆盖彩色铅笔线条。

整体着色规律是浅色周边环绕深色，深色外围又是浅色，深浅相结合。

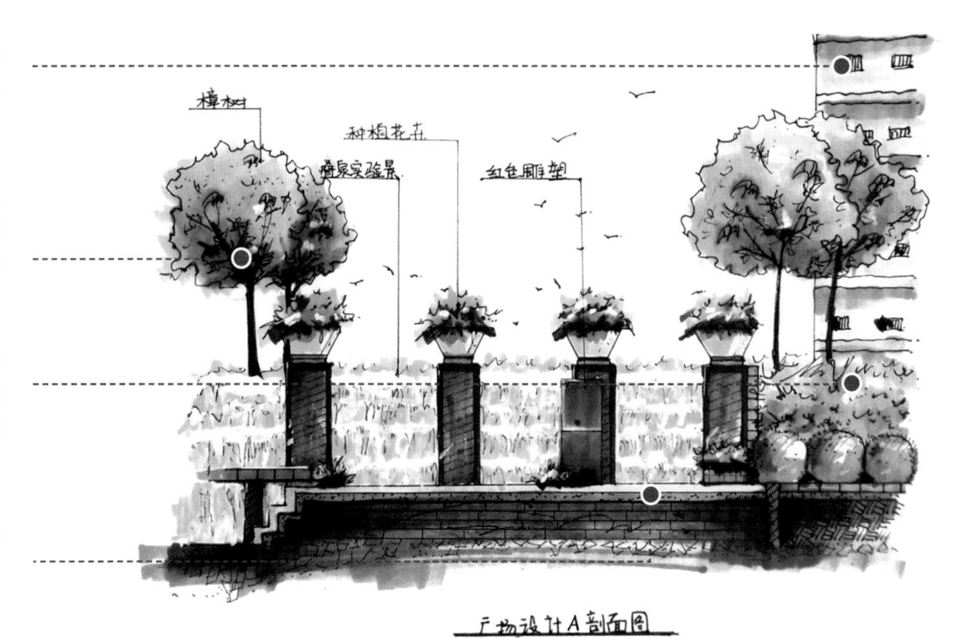

▲住宅小区广场景观彩色剖面图

位于画面上方的墙体只绘制线稿，不着色。

主要走廊的结构选用深色，强化明暗面对比。

需要着色的花卉和摆设等的色彩对比应当强烈。

地面投影深重，选用具有一定色相明确的马克笔来表现，同时保持人物空白，与地面形成对比。

▲住宅小区景观效果图

多边形造型体块逐渐向远处虚化并减少。

远处树木可适当选用蓝色，与天空混为一体。

精细表现中心物品的色彩关系，可以将对比不断加强，使整体色调较重。

弧形边框能衬托出画面的形体结构，因此应当着色。

▲公园景观效果图

树木边缘少着色，色彩对比强烈。

景观建筑的网格形体下部着色，上部与外凸部位不着色，形成很强的明暗对比效果。

深色弧形造型座椅采用冷灰色表现，适当配置紫色与蓝色。

位于画面边角的绿化道路着色时，运笔要整齐干练。

▲公园景观效果图

远处建筑少着色或不着色，形成虚化的远景效果。

远景树木上部不着色，较深的云彩能将树木上部的空白衬托出来。

中近地面采用暖灰色马克笔平铺覆盖,虽然稍显杂乱，但是能衬托出建筑的精致。

近景地面绿化植物选用多种颜色表现，与远处各色树木形成呼应。

▲住宅小区景观效果图

树木亮部不着色，增强形体结构与立体感。

主要树木与景观造型保持一定距离，不能遮挡建筑。

树木过多的部位可以变换颜色，选择同色系中的近似色。

木质建筑用线条来强化材质。

▲步道景观效果图

天空云彩与水面反光颜色略有不同，天空色彩略偏冷。

前景主要树木应当分层绘制，运用浅、中、深三种颜色绘制出强烈的体积感。

用白色笔与直尺配合，绘制出地面板材的光亮效果。

适当用黑色来强化暗部，加强形体结构。

▲步道景观效果图

树叶末端与天空之间的界线分隔明显。

远处树木色彩减淡，接近天空部位时留白。

蓝灰色用于水面显得比较沉稳，与天空区分开。

石头阴影部位排列较稀疏的平行线能统一层次。

▲水景效果图

受光面的亮部一般比较集中，在暗部的对比下显得特别亮。

形体结构轮廓可以不用直尺绘制，徒手绘制慢线效果会更好。

中景绿化植物要用色彩形成明暗对比，强化体积感。

近处地面选用单纯的色彩平铺即可。

▲别墅景观效果图

手绘贴士

在日光下的白色建筑大多可以采用暖灰色绘制，但是要对白色建筑保留适当的空白，形成较强烈的对比。特别深的深灰色和黑色可以局部少量使用，不要污染画面即可。

云彩之间保留一定空白间隙，能衬托云彩的体积感。

相邻树木之间区分颜色。

亮面面积较大时，应当对亮面全部着色。

近处的地面应当细化表现。

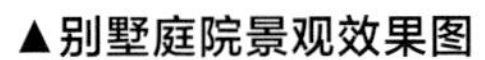

▲别墅庭院景观效果图

颜色较深的树木可以用涂改液点白，表现出树叶之间的空白间隙。

凡是建筑构造均应为构图中心。

地面平铺着色，如果面积过大，可以分块着色，再用彩色铅笔覆盖平铺线条。

地面草坪用多种绿色相互融合，形成深浅不一的效果。

▲别墅景观效果图

看似比较杂乱的墙面着色，其中笔触都要统一方向排列。

画面中央的主体建筑对比强烈，形成画面中心。

灌木与乔木的颜色要区分开。

地面强化着色，分块着色来表现具有体积感的轮廓。

▲庭院景观效果图

选用灰色绘制景观顶棚构造，强化明暗对比，塑造出体积感。

选用浅绿色绘制较短的弧形线条，通过线条组合来表现树木的体积感 。

选用暖灰色马克笔绘制景观顶棚在地面上的投影,并用白色笔勾线，强化体积感。

多种灌木选用多种色彩逐一表现。

▲公园景观效果图

选用偏暖的蓝色马克笔绘制天空云彩，保留适当空白间隙。

玻璃反光选用偏冷的蓝色与天空云彩的蓝色明显不同。

选用棕色马克笔绘制台基座暗部。

选用两种不同的绿色来表现近处植物，两种颜色交替使用。

▲公园景观效果图

天空云彩选用三种不同的蓝色，由深变浅逐层覆盖。

玻璃幕墙上的蓝色偏冷，与天空云彩的蓝色有明显区别。

选用深浅不一的三种绿色逐层表现树木，中绿色马克笔可采用细头排列线条来表达渐变效果。

水面近处选用偏冷的蓝色，远处色彩与天空保持一致。

▲公园景观效果图

位于画面边缘的树木，在着色时以树叶的形态为边界线。

位于画面中景的绿化植物，应强化表现出体积感。

景观构造选用灰色马克笔细致刻画，深浅对比表现出金属质地。

位于画面中央的人物要强化地面投影。

▲公园景观效果图

天空除了云彩以外，还可以绘制飞鸟来丰富画面效果。

位于画面中景的树木不一定全用绿色，可以选用偏蓝或偏黄的绿色、灰色来表现。

水面中要用深蓝色来表现树木的倒影。

位于画面中央的投影应当强化表现。

▲公园景观效果图

位于画面边缘的建筑结构适当着色，对比不宜过强。

选用深浅不一的三种绿色来绘制中景树木。

选用冷灰色与暖灰色马克笔相结合来绘制桥梁。

用点笔、摆笔、顿笔相结合，可表现出微风波澜的水面效果。

▲公园景观效果图

地面草坪的绿色要与灌木、乔木的绿色有所区别，地面草坪的绿色偏黄、偏暖，灌木、乔木的绿色偏青、偏冷。

地面选用冷灰色表现。

木质平台选用中黄色，适当留白，表现反光。

水面着色断断续续，间隙处为反光。

▲公园景观效果图

手绘贴士

用马克笔单纯地平铺很难表现出生动的效果，需要配置点笔、挑笔等多种技法。但是对于整体感、机械感很强的设计对象，就应当在画面中仔细寻找能生动表现的地方，当马克笔无法丰富表现技法的时候，可以通过增加彩色铅笔、绘图笔的曲线来实现。总之，不能让画面显得僵硬。

高层建筑之间的绿化植物可选用天空的蓝色来表现，能丰富画面的远近层次。

树木最暗处可以用白色笔来勾勒树干分叉，能强化体积感。

选用暖灰色来表现地面。

选用蓝色和绿色交替表现水面倒影。

▲公园景观效果图

选用紫色与蓝色搭配来表现天空云彩。

位于画面中景的树木，则选用多种绿色甚至其他色彩来描绘。

水面中央适当留白，或用涂改液大面积点白。

近处花台明暗与色彩对比强烈。

▲公园景观效果图

位于高层建筑之间的云彩，可选用多种蓝色与紫色，采用点笔技法，既表现天空，又表现树木。

一点透视的消失点中心应当是景观构造，自身对比要强烈。

可选用红色与绿色搭配来表现树木。

位于画面近景的人物可以不着色，但是要绘制投影。

▲住宅小区景观效果图

近景树木位于画面边缘，可选用零散的点笔、顿笔来表现。

远景树木位于画面中心，可选用平铺整体表现。

找准建筑结构的明暗交界面，表现出体积感。

选用偏冷的蓝色来绘制水面，适当穿插紫色，用涂改液表现水面高光。

▲住宅小区景观效果图

位于画面边缘的树木，可选用马克笔的细头排列线条，采用多种颜色来强化体积。

天空云彩选用两种不同的蓝色交替绘制。

水面蓝色偏冷，与天空蓝色有明显区分。

地面铺装材料的形体应符合透视方向。

▲商务办公景观效果图（何思怡）

大胆选用多种色彩来表现天空云彩，营造出夕阳的效果。

位于画面中景的绿化植物，要强化自身对比,表现出体积感。

选用暖灰色马克笔，覆盖近景地面，以S形线条来终止画面着色。

▲公园景观效果图（方穗东）

选用中绿色马克笔，倾斜摆笔来表现树木暗部。

手绘贴士

局部着色是一种快捷的表现手法，能在较短的时间内完成画面中的某个局部，起到表现个人水平的作用，比较适合时间紧张的考试，但是这种技法也有难度，它要求能准确把握细节，深入刻画，具备较强的深入表现能力。

位于画面边缘的景观构造，暗部是刻画的重点，选用较深的红色绘制。

选用紫色与蓝色两种马克笔交互融和来表现天空。

采用白色涂改液与直尺，倾斜绘制光照效果。

选用暖灰色马克笔，在地面绘制表现景观构造的阴影。

▲公园景观效果图（方穗东）

最高处的树梢顶端应当留白，可选用黄色来作衔接。

白色涂改液表现的光线效果应该从树木的暗面散发出来。

地面选用多种灰色与纯色相结合，能丰富地面铺装效果。

地面草坪适当留白。

▲公园景观效果图（徐畅）

涂改液绘制的光照效果应当叠加在深色基础之上。

远处的天空与绿化植物可混为一体，用蓝色马克笔绘制。

景观构造自身的反光材质，通过深浅不一的运笔来表现。

位于水面中央的绿化植物，在亮面适当留白，这样能与水面反光形成整体效果。

▲住宅小区景观效果图

远景绿化植物选用灰绿色马克笔表现。

中景与近景绿化植物选用两三种不同绿色来区分开。

山石选用暖灰色与冷灰色相结合，强化体积感。

水面先用深色马克笔覆盖，再用白色涂改液点亮。

▲旅游区景观效果图（汪建成）

着色到边缘时注意要有过渡，不能立即收笔。

周边墙面、灌木采用深色环绕，衬托出中央主体建筑构造。

亮面着色简单，运笔顺应六边形结构排列。

周边灌木色彩多样化，丰富全图效果。

▲庭院景观效果图

屋顶结构透视方向应当准确，简单着色，但要表现出明暗关系。

中央门窗应当画得很细致。

由于是平视角度，因此天空的颜色尽量深一些，马克笔与彩色铅笔混合搭配能起到丰富画面的效果。

近处草坪简单着色，选用两三种绿色交替表现。

▲庭院景观效果图

绿化植物选用两三种绿色交替表现，注意错开前后关系。

位于画面中央的主体构造应当细化表现，可以搭配更丰富的色彩。

建筑外墙上的树木投影采用线条覆盖一遍。

水面深色能衬托出中央主体。

▲庭院景观效果图

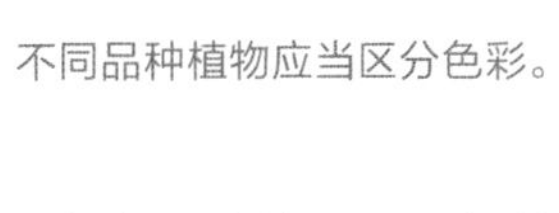

不同品种植物应当区分色彩。

栏板扶手立柱采用深色绘制，能体现出立柱材质的粗壮结实。

周边山石主要用来衬托场景，其中暗部用线条排列。

近处地面选用冷灰色，表现出台阶的体积关系。

▲庭院景观效果图

▲公园景观效果图

天空面积较小，不绘制云彩，树木色彩要画到位。

瀑布水景不能表现得过于竖直，应当具备一定弧度。

中景绿化植物颜色应当丰富，应能衬托出中央主体瀑布的浅色。

位于画面近处的水面颜色应当加深，适当运用涂改液来表现反光。

▲住宅小区景观效果图

周边树木画得比较抽象，与中央的树木相比应当稍显简单。

天空面积较大，云彩应当采用彩色铅笔倾斜排列线条与马克笔着色叠加。

台面倒影来自周边的植物，竖向运笔着色。

近处环绕在岸边的水面着色较深，水面中央较浅。

近处树梢占据画面面积较小，主要起到平衡画面构图的作用，因此不着色。

中景的灌木水平布置，需要运用深浅不一的黄色、绿色搭配，形成明暗对比，表现出层次感。

近处宽叶灌木绘制出具体叶脉形态，平涂着色后利用深色背景衬托出叶脉形体。

位于画面近景边缘的地面铺装材料绘制整齐,弱化色彩对比。

▲公园景观效果图（柏晓芸）

树梢间隙处可用蓝色来表现天空，而不绘制树叶的绿色。

位于画面中景的绿化植物可适当选用蓝色，因为该画面天空不着色。

景观构造选用冷灰色，依靠黑色绘图笔来强化明暗对比。

画面近景绿化植物穿插多种颜色来丰富画面效果。

▲公园景观效果图（柏晓芸）

树梢与天空结合处可选用蓝色马克笔表现。

景观构造选用多种色彩可丰富画面。

地面选用暖色调，局部保留空白，不着色。

位于近景的主要人物不着色，可通过周边绿化植物的色彩来衬托。

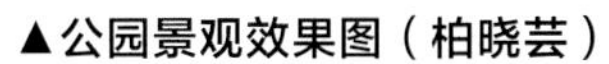

▲公园景观效果图（柏晓芸）

天空云彩选用两种蓝色交替绘制。

位于画面中景的建筑应当加强明暗对比，塑造出强烈的体积感。

浅水池表面的反光用涂改液表现，底色应当足够深。

近处花盆的色彩对比度较强，绿化植物层次丰富。

▲公园景观效果图

天空选用蓝色马克笔快速表现，笔触之间无明显衔接痕迹。

采用点笔、顿笔、摆笔相互结合，绘制常规乔木。

采用马克笔细头来勾勒出树叶的体积感。

手绘贴士

只对暗部着色是比较简单的马克笔技法，找准暗部的色彩关系，画完整后，再根据整体画面的需要，向两面拓展少量颜色。植物、配景的着色更加简单，只需要找准深、浅两种颜色即可完成一个部位的着色。这种技法适用于时间紧张的快题表现，但是整体画面注重的不再是表现技法，而是设计感觉。

选用两种不同的蓝色来表现叠水瀑布,覆盖白色涂改液,点亮高光。

位于画面近景的石头选用暖灰色。

采用不规则形态且曲直结合的线条，表现画面边缘的绿化植物，并以此终止画面。

▲庭院景观效果图（王雅迪）

07

景观手绘快题赏析

识别难度

★☆☆☆☆

核心概念

创意、构图、色调、细节。

章节导读

本章介绍大量优秀景观空间快题手绘效果图，对每幅作品中的绘制细节进行解读，读者可以从中得到启发，独自创作快题设计作品，为考试打好基础。

快题设计是指在较短的时间内将设计者的创意思维通过手绘表现的方式创作，最终要求完成一个能够反映设计者创意思想的具象成果。目前，快题设计已经成为各大高校设计专业研究生入学考试、设计院入职考试的必考科目，同时也是出国留学（设计类）所需的基本技能。快题设计是考核设计者基本素质和能力的重要手段之一。快题设计可分为保研快题、考研快题、设计院入职考试快题。不同院校对保研及考研快题的考试时间、效果图、图纸等要求各不相同，但是基本要求和评分标准相差无几，除创意思想外，最重要的就是手绘效果图表现能力。本章列出快题设计优秀作品供学习参考。

快题设计的评分标准：画面表现 40%、方案设计 50%、优秀加分 10%。在不同阶段，表现和设计起着不同的作用。评分一般分为三轮。第一轮将所有考生的试卷铺开，阅卷老师浏览所有试卷，挑出表现与设计上相对较差的评为不及格。第二轮将剩下的及格试卷评出优、良、中、差四档，并集体确认，不允许跨档提升或下调。第三轮按档次转换成分数，略有 1 ~ 2 分的差值。要满足这些评分标准，从众多竞争者中脱颖而出，必须在表现技法上胜人一筹，创意思想可以从记忆国内外优秀设计案例着手。手绘是通过设计者的手来进行思考的一种表达方式，它是快题设计的直接载体。手绘是培养设计能力的手段，快题设计和手绘相辅相成。无论是设计初始阶段，还是方案推进过程，手绘水平高的考生无疑具有很大优势。在手绘表现过程中最重要的就是融合创意思想，将设计通过手绘完美表现。

快题设计考试是水平测试，要稳健，力求稳中求胜。制图符合规范，避免不必要的错误；创意设计符合题意，切忌忽略或误读任务书提供的线索；手绘表现美观，避免不合常规的空间组织方式；有闪光点，有能够吸引评分老师的精彩之处。常规手绘表现设计与快题设计是有很大区别的。常规手绘表现设计是手绘效果图的入门教学，课程开设的目的是引导学生逐步学会效果图表现，是循序渐进的过程，作业时间较长，有查阅资料的时间能充分发挥学生的个人能力。快题设计是对整个专业学习的综合检测，是考查学生是否具有继续深造资格的快速方法，在考试中没有过多时间思考，全凭平时的学习积累来应对，考试时间 3 ~ 8 时不等。

第 16 天　快题立意

根据本书内容，建立自己的景观快题立意思维方式，列出快题表现中存在的绘制元素，如植物、小品、建筑等，绘制并记忆这些元素，绘制 2 张 A3 幅面小区、公园、校园、广场的平面图，厘清空间尺寸与比例关系。

第 17 天　快题实战

实地考察周边住宅小区，或查阅、搜集资料，独立设计构思较小规模住宅小区的平面图，设计并绘制重点部位的立面图、效果图，编写设计说明，1 张 A2 幅面。

第 18 天　快题实战

实地考察周边街头公园，或查阅、搜集资料，独立设计构思较小规模公园的平面图，设计并绘制重点部位的立面图、效果图，编写设计说明，1 张 A2 幅面。

第 19 天　后期总结

反复自我检查、评价绘画图稿，再次总结其中形体结构、色彩搭配、虚实关系中存在的问题，将自己绘制的图稿与本书作品对比，快速记忆和调整存在问题的部位，以便在考试时默画。

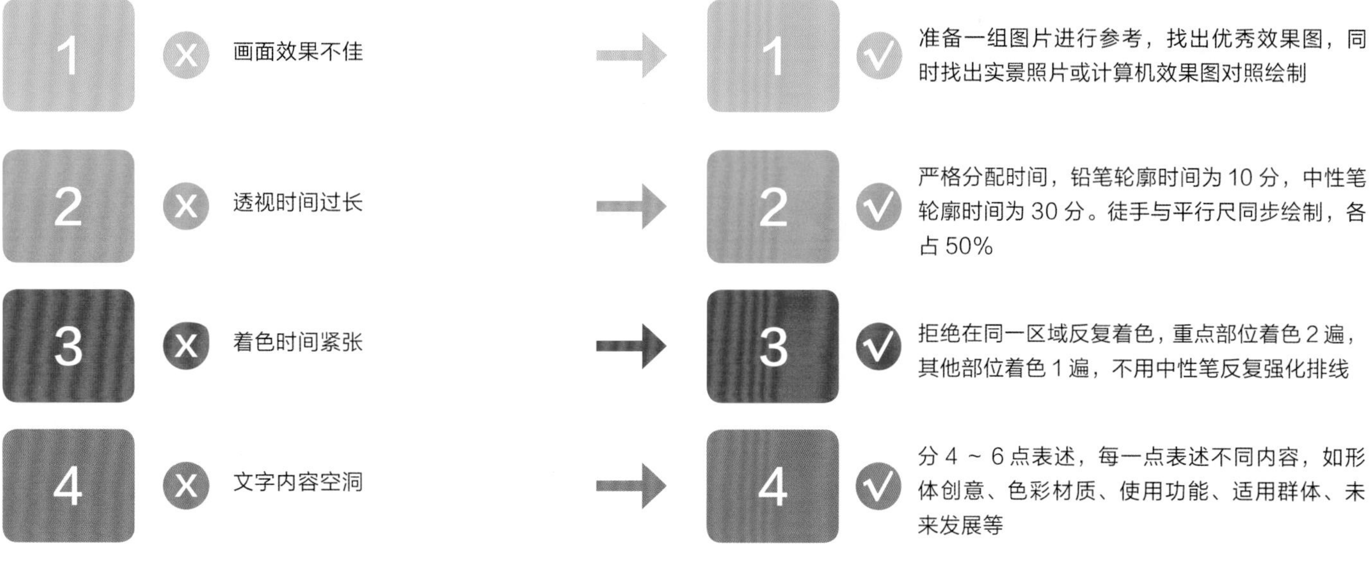

1
画面效果不佳
1
准备一组图片进行参考，找出优秀效果图，同时找出实景照片或计算机效果图对照绘制
2
透视时间过长
2
严格分配时间，铅笔轮廓时间为 10 分，中性笔轮廓时间为 30 分。徒手与平行尺同步绘制，各占 50%
3
着色时间紧张
3
拒绝在同一区域反复着色，重点部位着色 2 遍，其他部位着色 1 遍，不用中性笔反复强化排线
4
文字内容空洞
4
分 4 ~ 6 点表述，每一点表述不同内容，如形体创意、色彩材质、使用功能、适用群体、未来发展等

▲快题设计难点解决方案

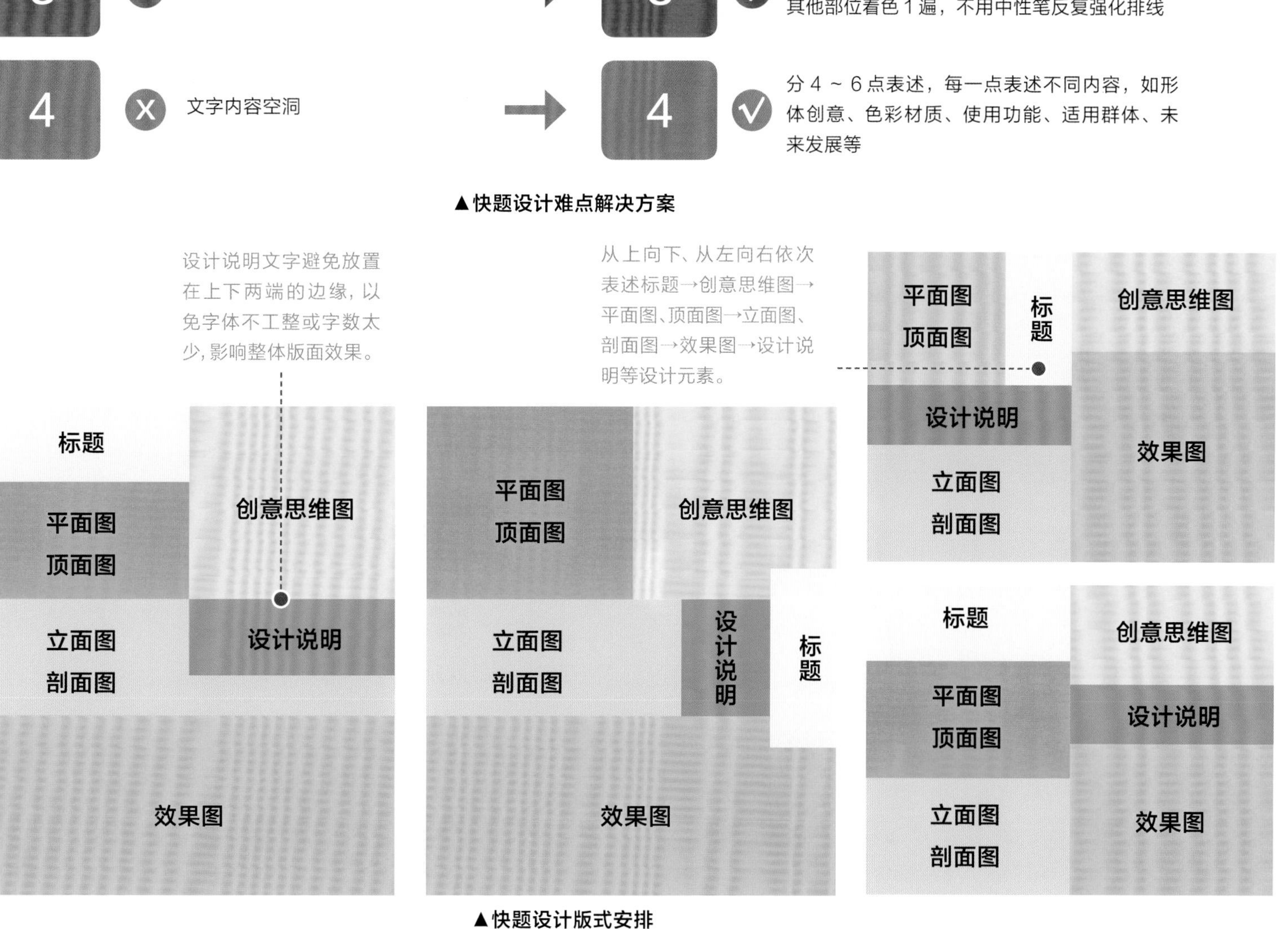

▲快题设计版式安排

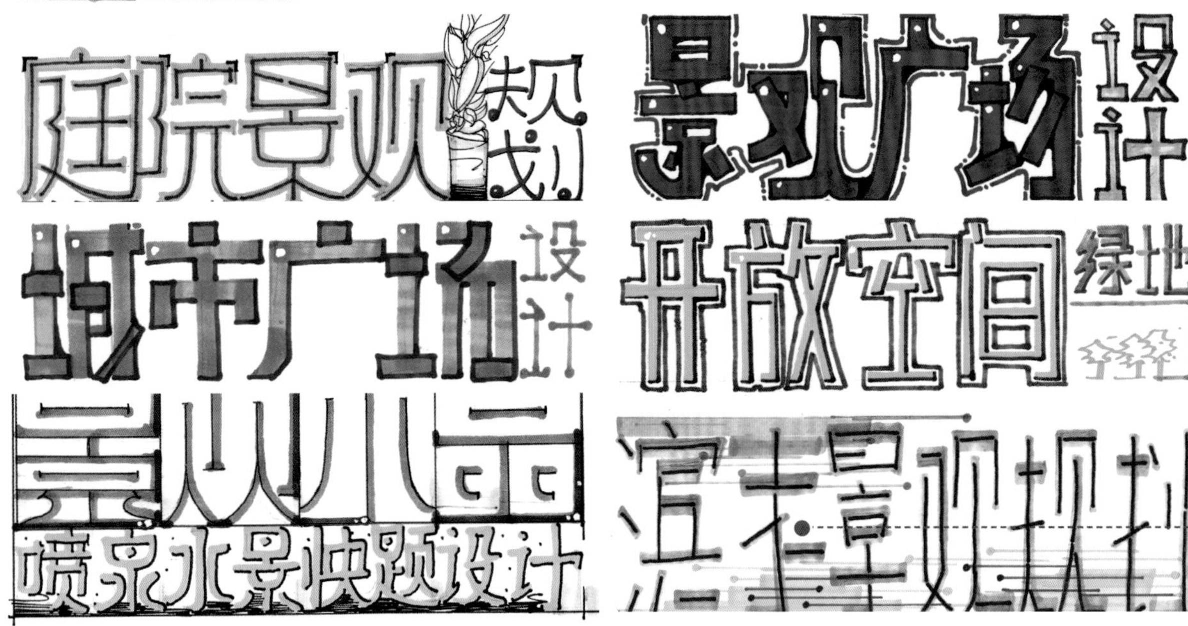

字体框架结构要饱满，尽量靠着文字边框写，笔画可以适当打破常规书写方式。
右侧与下侧用深色压边，提升文字的立体效果。
浅色宽笔与深色细笔相互叠加，让文字更有重量感和体积感。
公园设计
园林景观
枢纽景观
公园设计
庭院景观规划
景观广场设计
城市广场设计
开放空间绿地
景观小品
喷泉水景快题设计
滨水景观规划
展馆景观设计
社区绿地设计

▲标题文字书写

设计说明是快题设计中的重要组成部分，可以分以下几点来表述，每一点表述不同内容。

（1）形体创意：本设计方案为住宅小区中央景观设计，采用具有现代风格的几何造型来塑造景观装饰造型。六边形方案曲折有致，运用永恒的自然生态造型作为设计创意，激发商品房的生态活力。

（2）色彩材质：景观构筑物采用混凝土制作，外部挂贴彩色铝塑板装饰，在简洁的几何形体中表现出强烈的建筑氛围，地面局部铺装防腐木地板。

（3）使用功能：该景观造型具有良好的采光与景观观赏功能，配置亲水汀步与曲折的回廊，居民步入空间后能依次浏览小区景色。

（4）适用群体：本方案不仅可为住宅小区中心区装饰造景，还可以作为整个庭院景观的过渡空间使用，合理利用边角空间来提升住宅小区的流通效率。

（5）未来发展：整体造型简洁明了，可作为住宅小区中央集会地使用，是居民休闲、娱乐、健身的理想空间，稍加改造还可以用作小区内的商业活动场地。

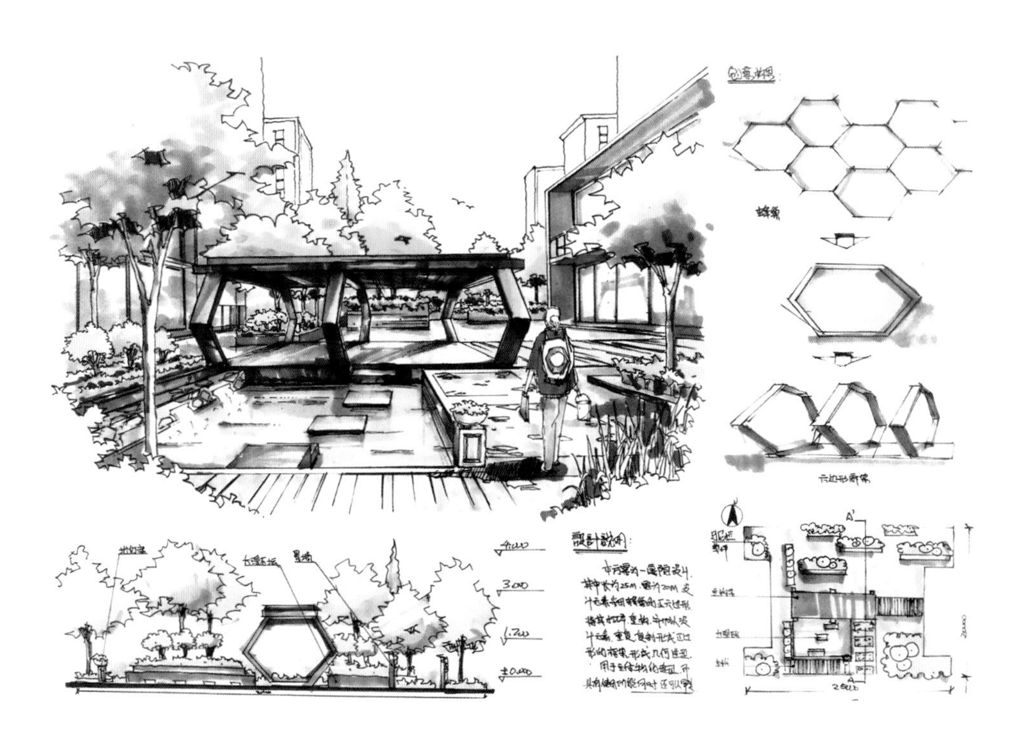

▲快题设计售楼部设计说明文字书写

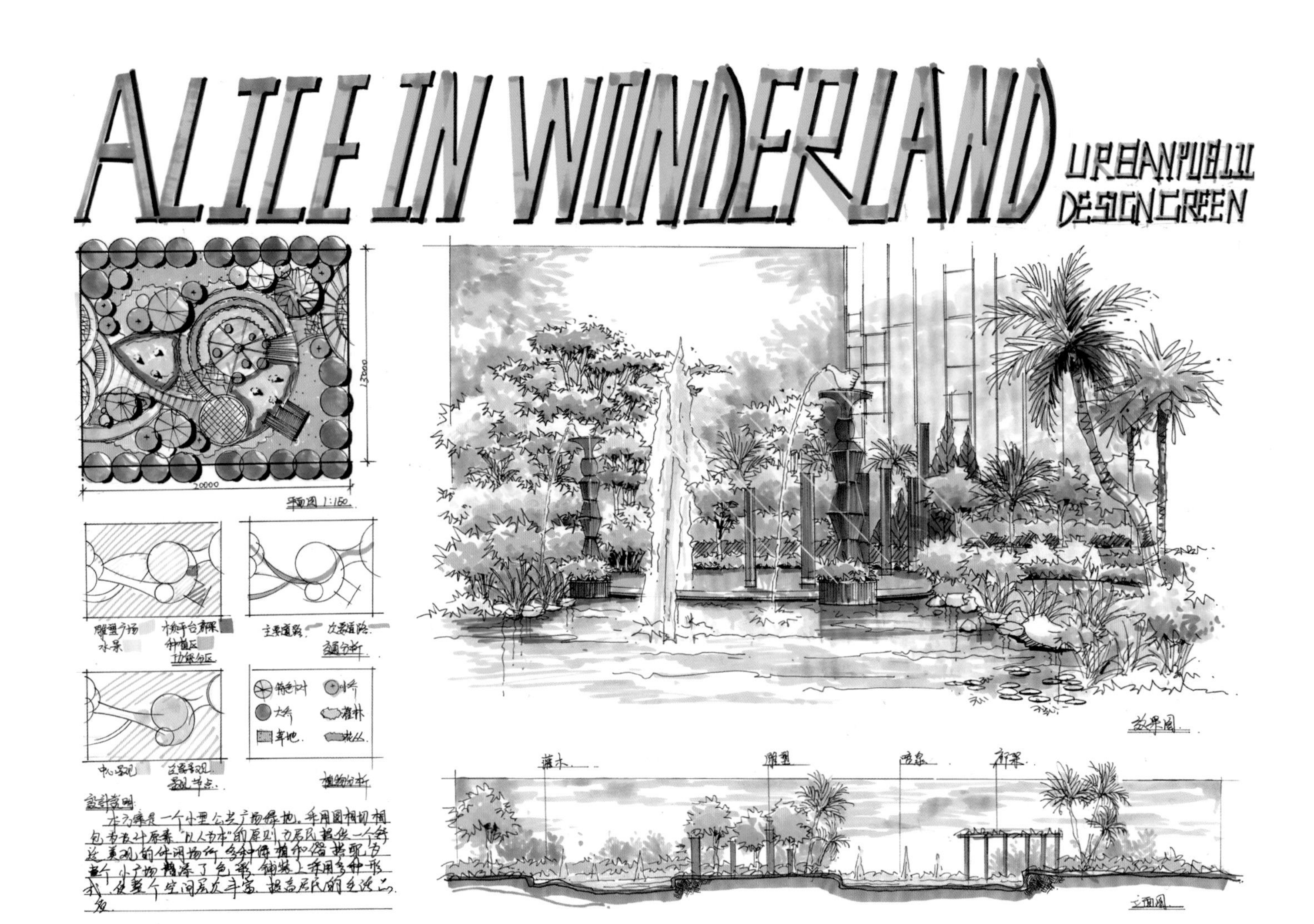

▲快题设计小型广场景观（康题叶）

▲快题设计园林景观（赵银洁）

▲快题设计滨水景观（杨雅楠）

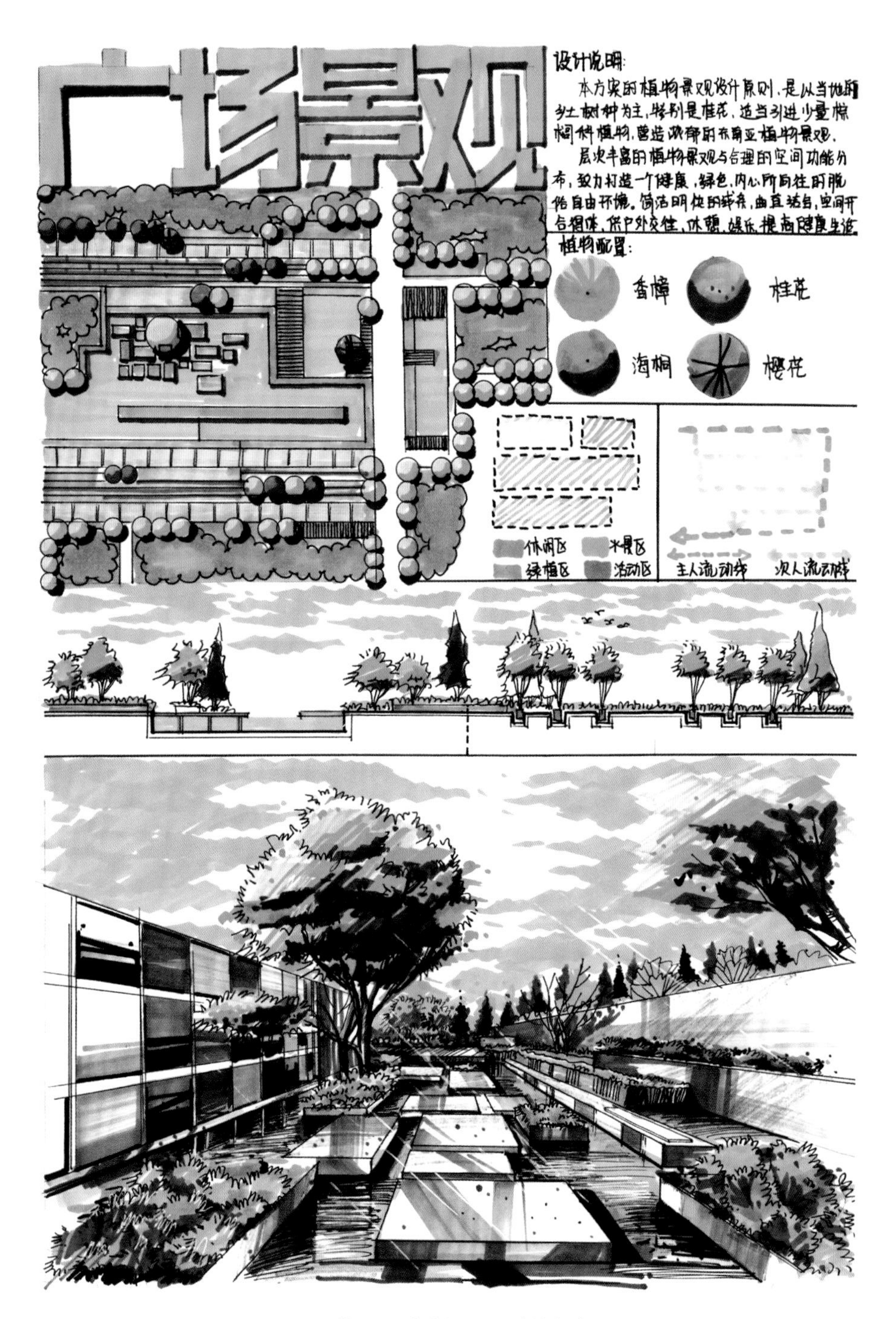
广场景观
设计说明:
本方案的植物景观设计原则，是从当地的
乡土树种为主，特别是桂花，适当引进少量棕
榈科植物，营造浓郁的东南亚植物景观。
层次丰富的植物景观与合理的空间功能分
布，致力打造一个健康，绿色，内心所向往的脱
俗自由环境。简洁明快的线条，曲直结合，空间开
合得体，供户外交往，休憩，娱乐，提高健康生活
植物配置:
香樟
桂花
海桐
樱花
休闲区
水景区
绿植区
活动区
主人流动线
次人流动线

▲快题设计广场景观（钱妍）

滨水景观设计
设计说明：
本方案是一个满足周边居民需求以及周边商业区行人的小公园，小公园的道路分级明晰，功能可以满足人们的需求。景点为小型喷泉、树荫广场、弧形水上步道、观景亭、绿化面积高于70%，为城市增添了一份清凉，满足了城市园林的美观性、生态性、以及功能性。
绿化区
水景
主流线
次要流线

▲快题设计滨水景观（钱妍）

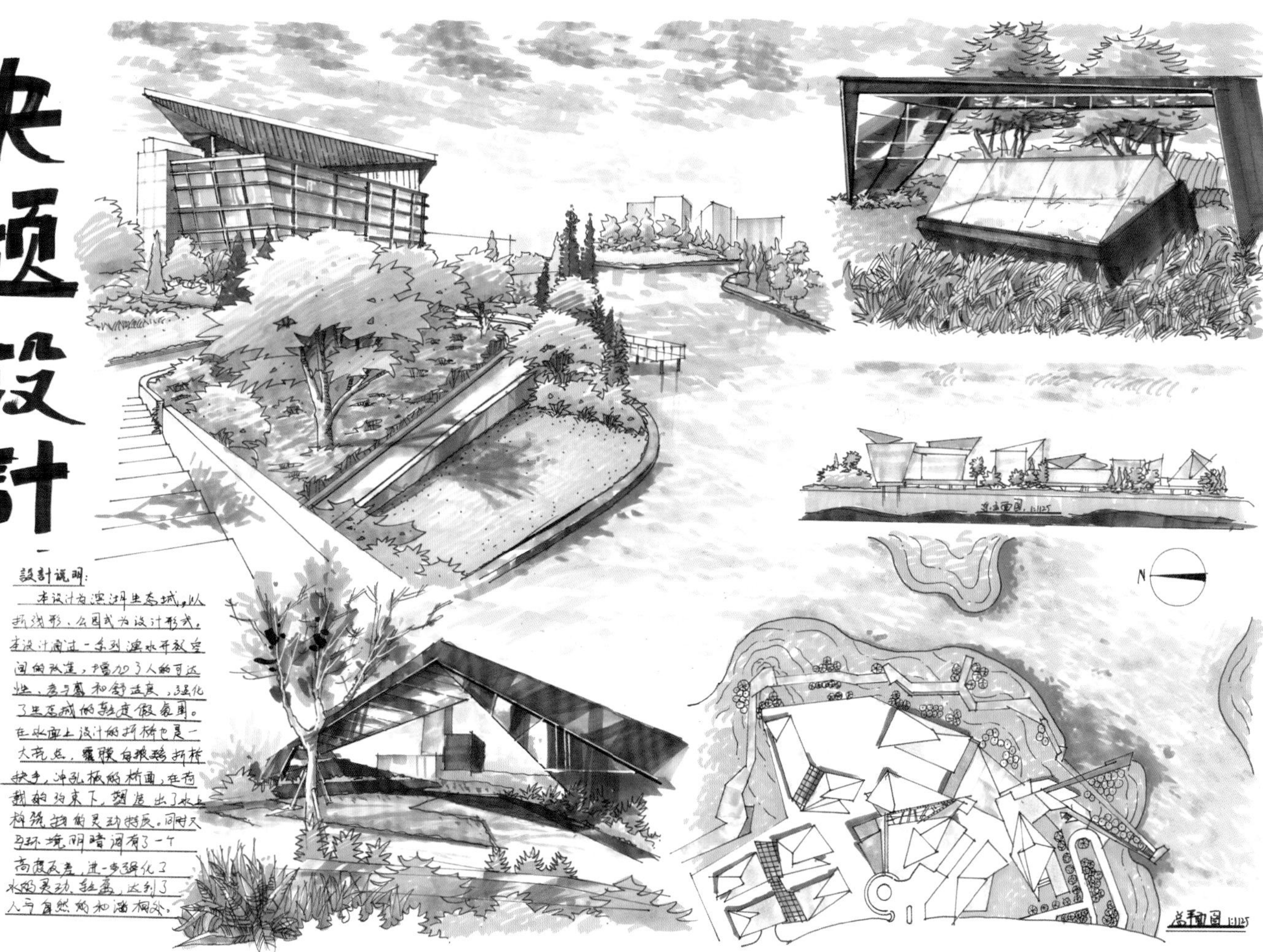

▲快题设计滨湖生态城景观（刘春雨）

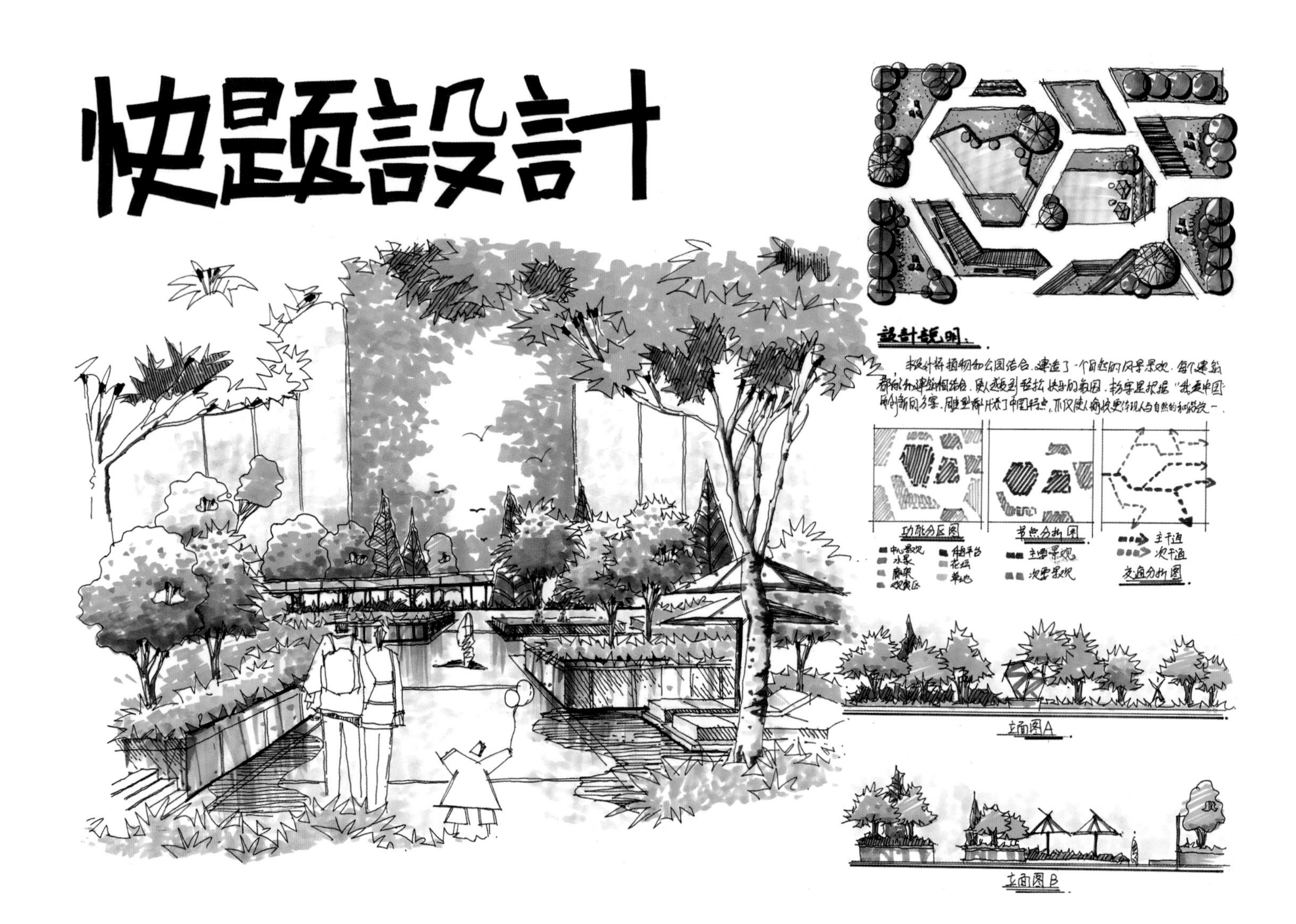

▲快题设计小型景观（王雪逸）

校园绿地设计

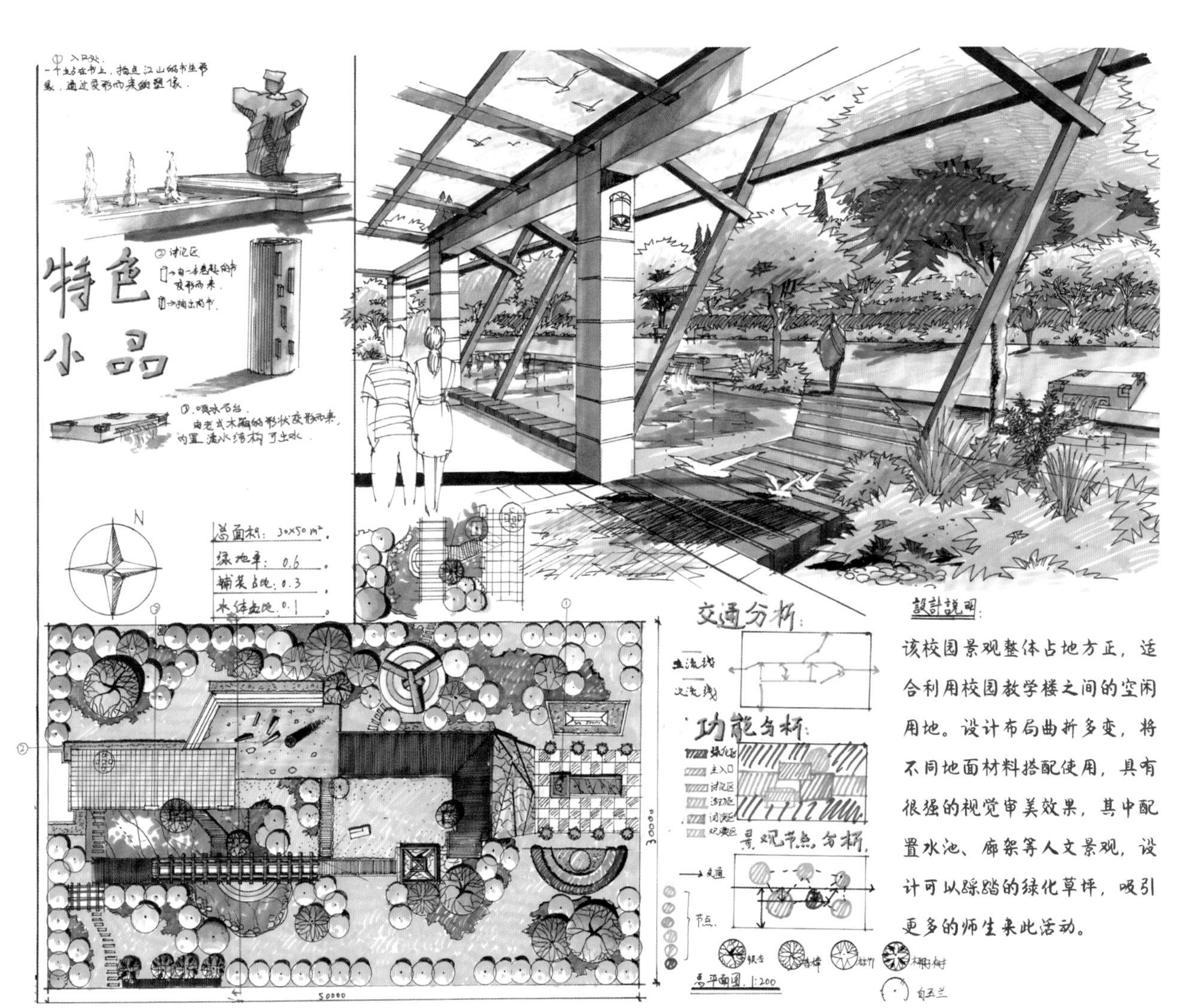

特色
小品
N
总面积：30×50 m²
绿地率：0.6
铺装占地：0.3
水体占地：0.1
交通分析
功能分析
景观节点分析
设計說明
该校园景观整体占地方正，适合利用校园教学楼之间的空闲用地。设计布局曲折多变，将不同地面材料搭配使用，具有很强的视觉审美效果，其中配置水池、廊架等人文景观，设计可以踩踏的绿化草坪，吸引更多的师生来此活动。
50000
30000
平面图 1:200

▲快题设计校园景观（刘春雨）

校园绿地设计

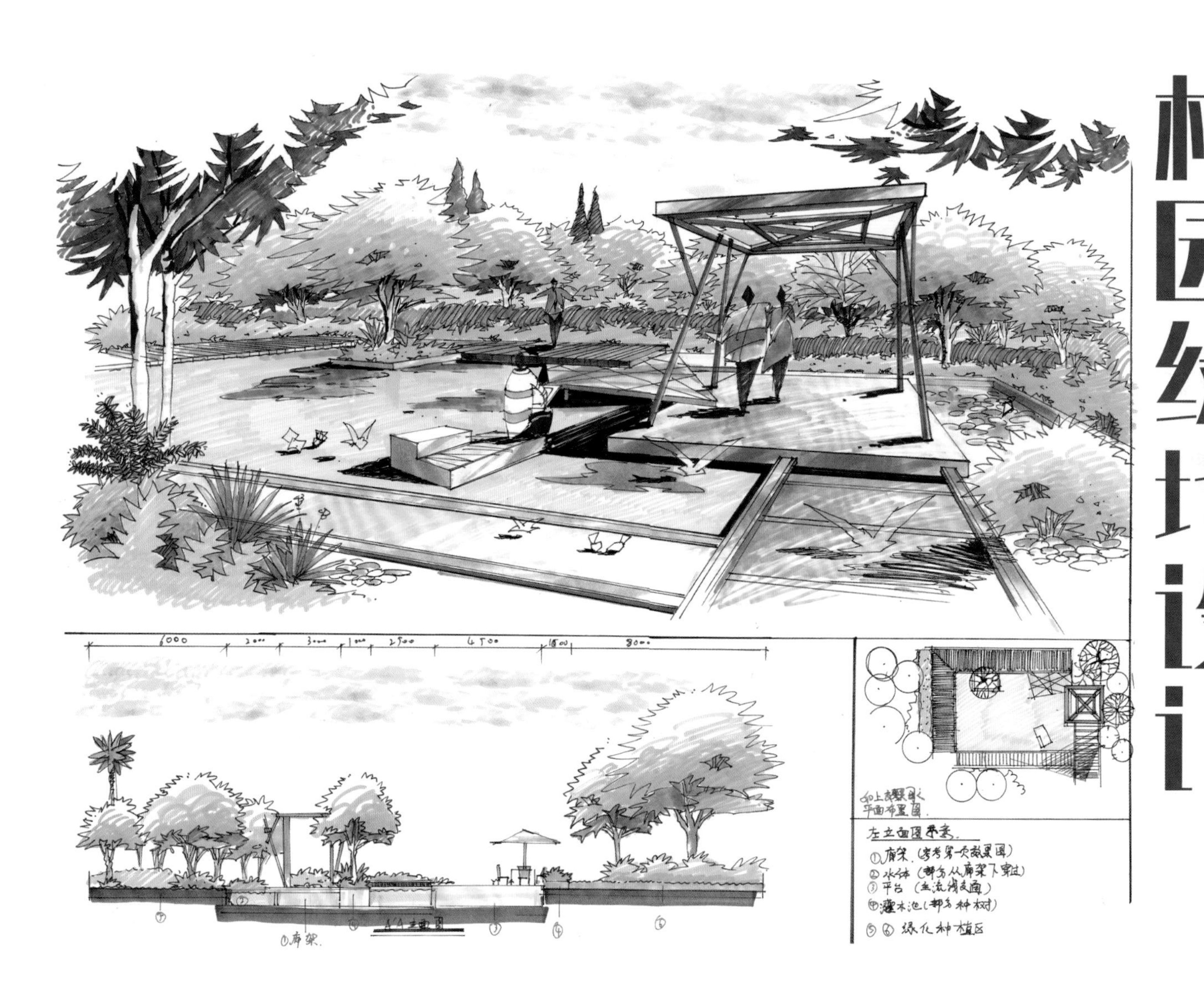

▲快题设计校园景观（刘春雨）

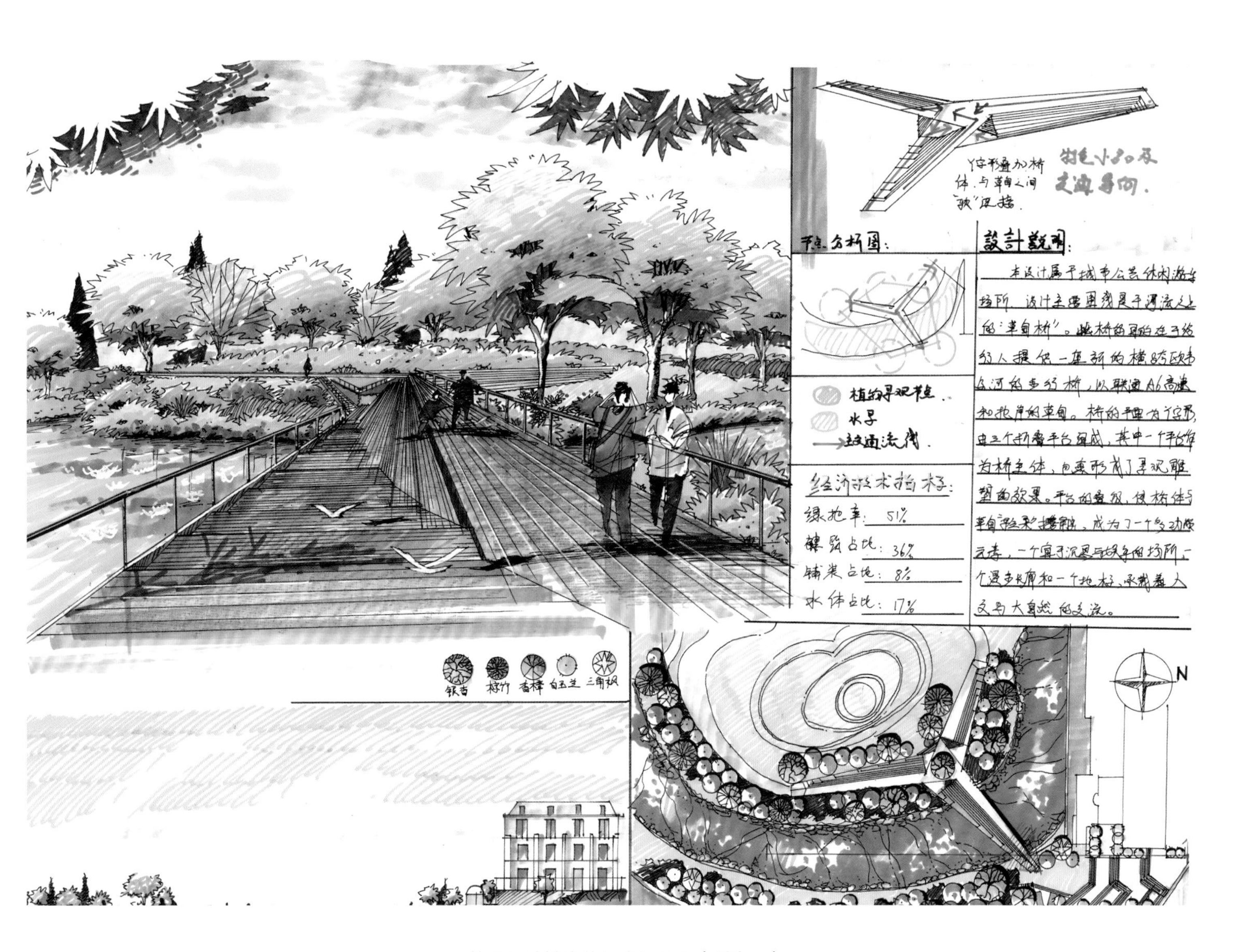

▲快题设计城市休闲广场景观（刘春雨）

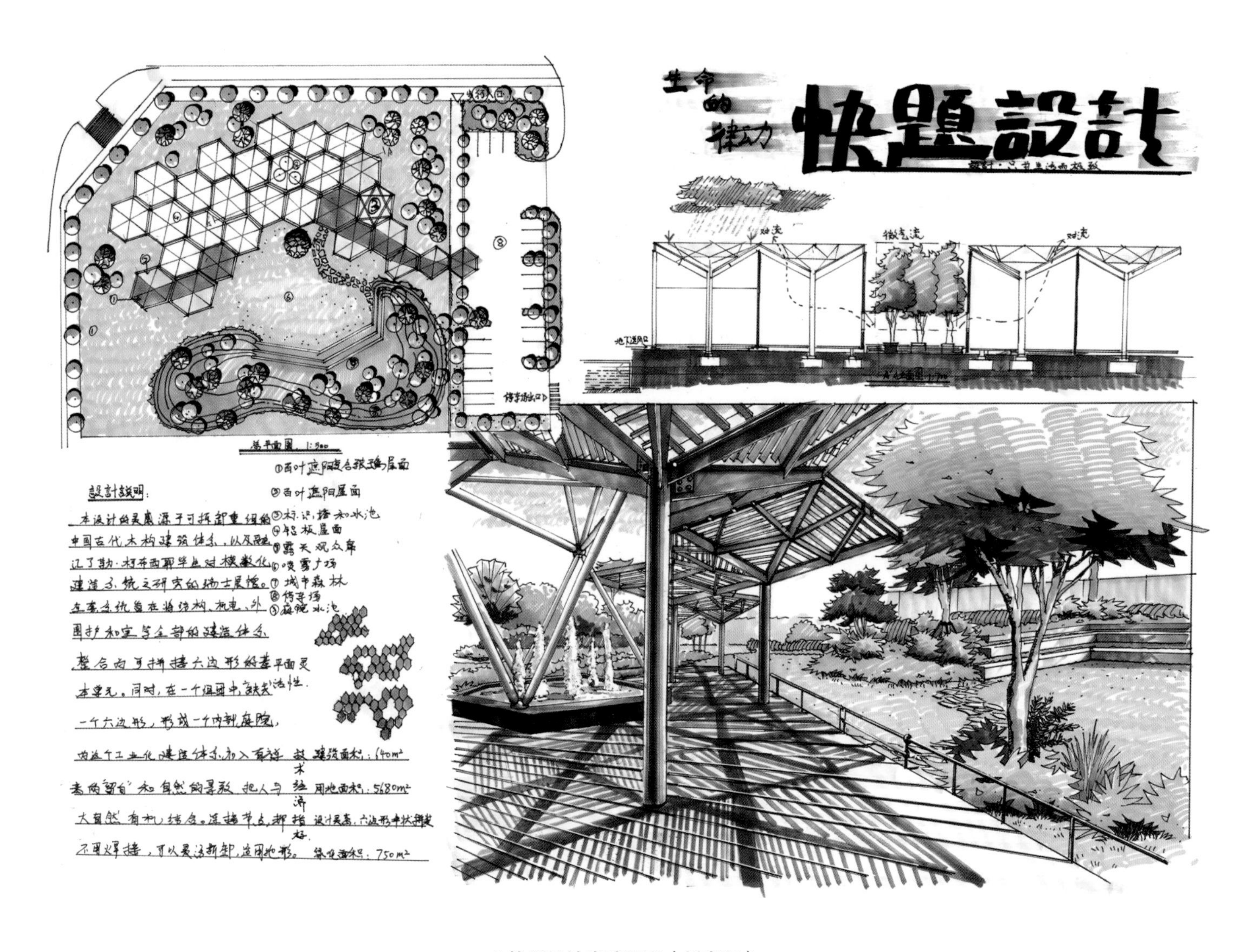

▲快题设计庭院景观（刘春雨）

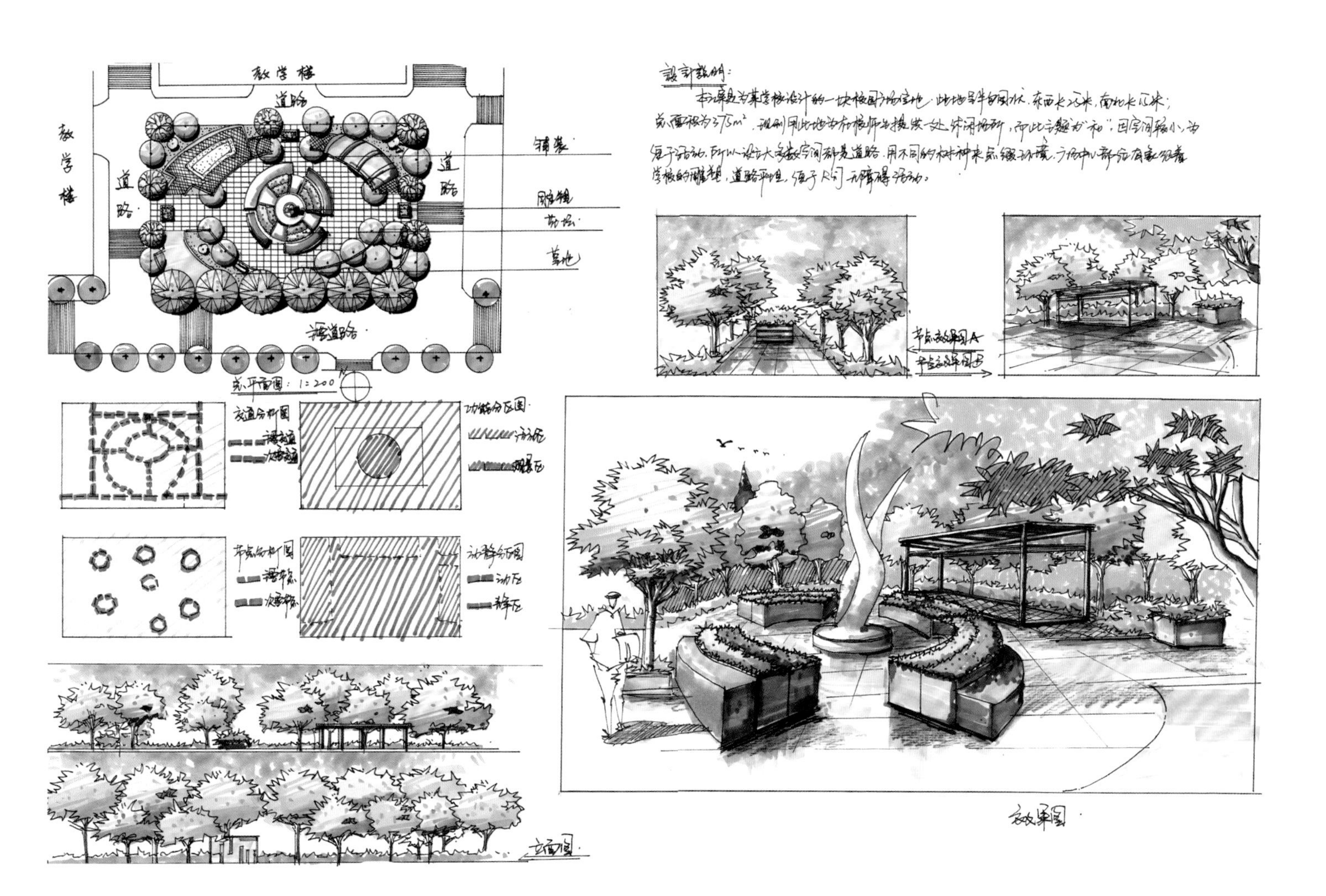

▲快题设计绿地广场景观

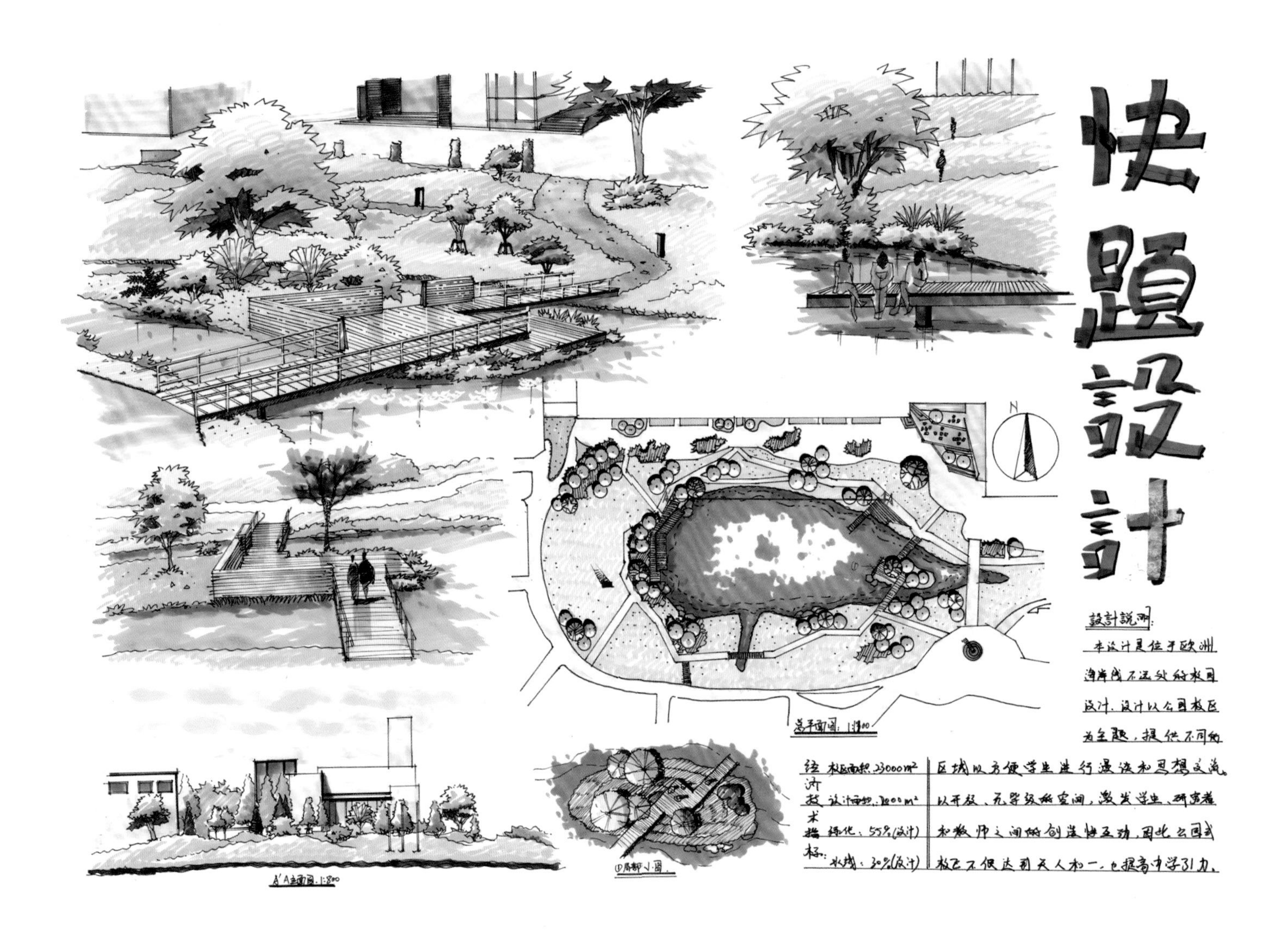

▲快题设计校园景观（刘春雨）

城市绿地快题設計

設計說明：

该场地面积约7000平方米，地势平坦，该场地为武汉市公共绿地广场，有较好的自然资源，在设计中考虑到周围居民的需要，设计了凉亭、水景以及足够的活动空间，将自然环境与城市景观融合在一起，使居民能够于闹市中得到一丝清静与享受。

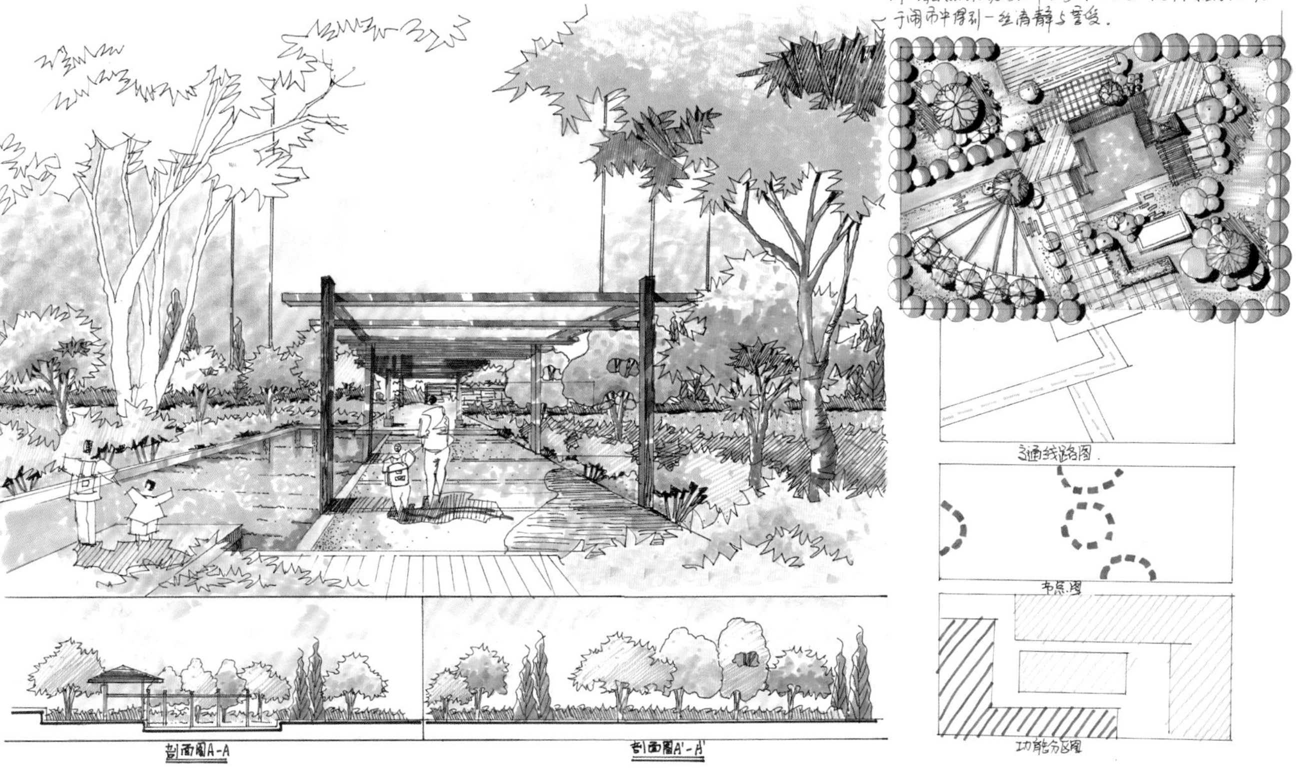

▲快题设计城市绿地景观（李季恒）

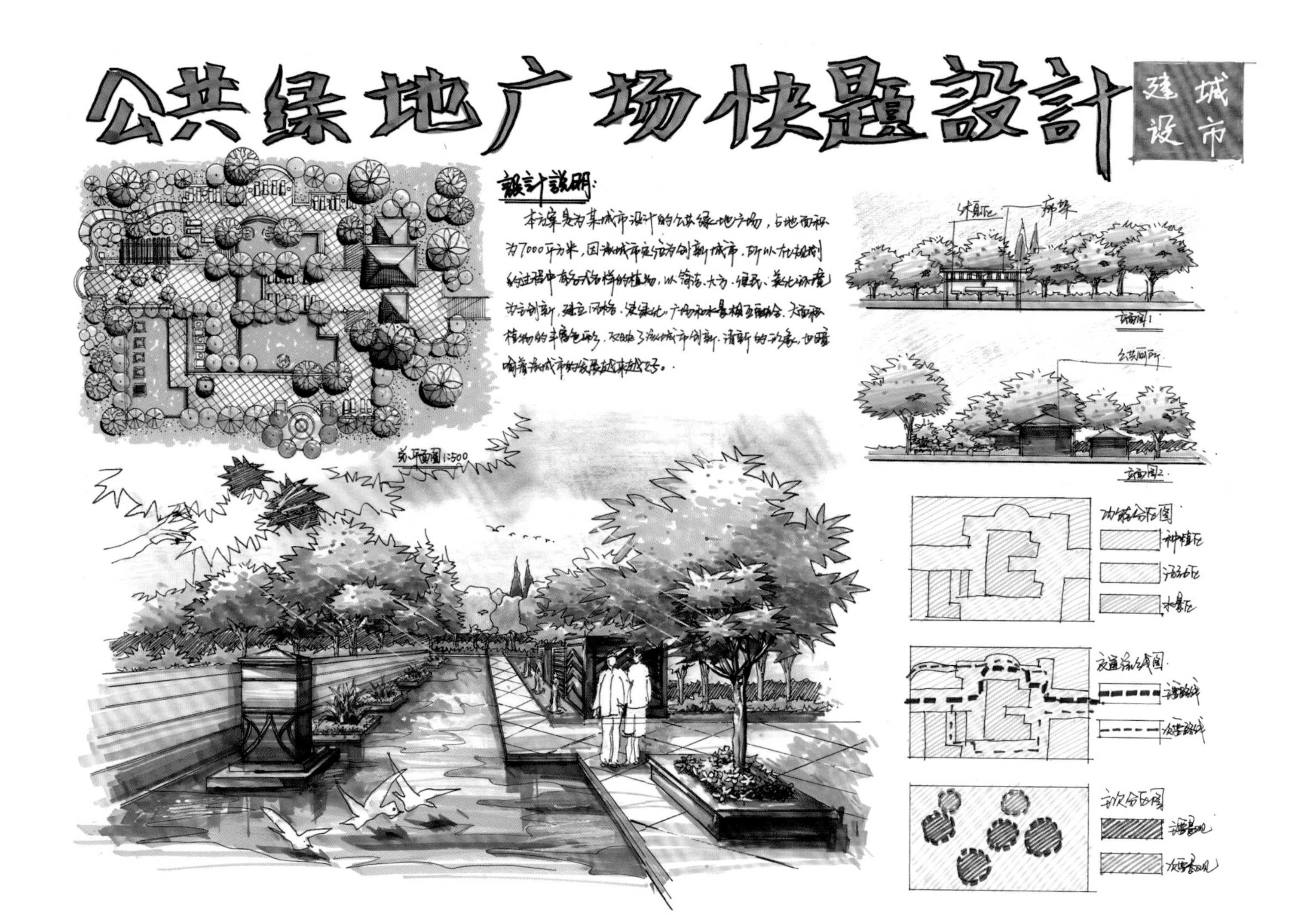

▲快题设计公共绿地广场景观（李瑾璇）

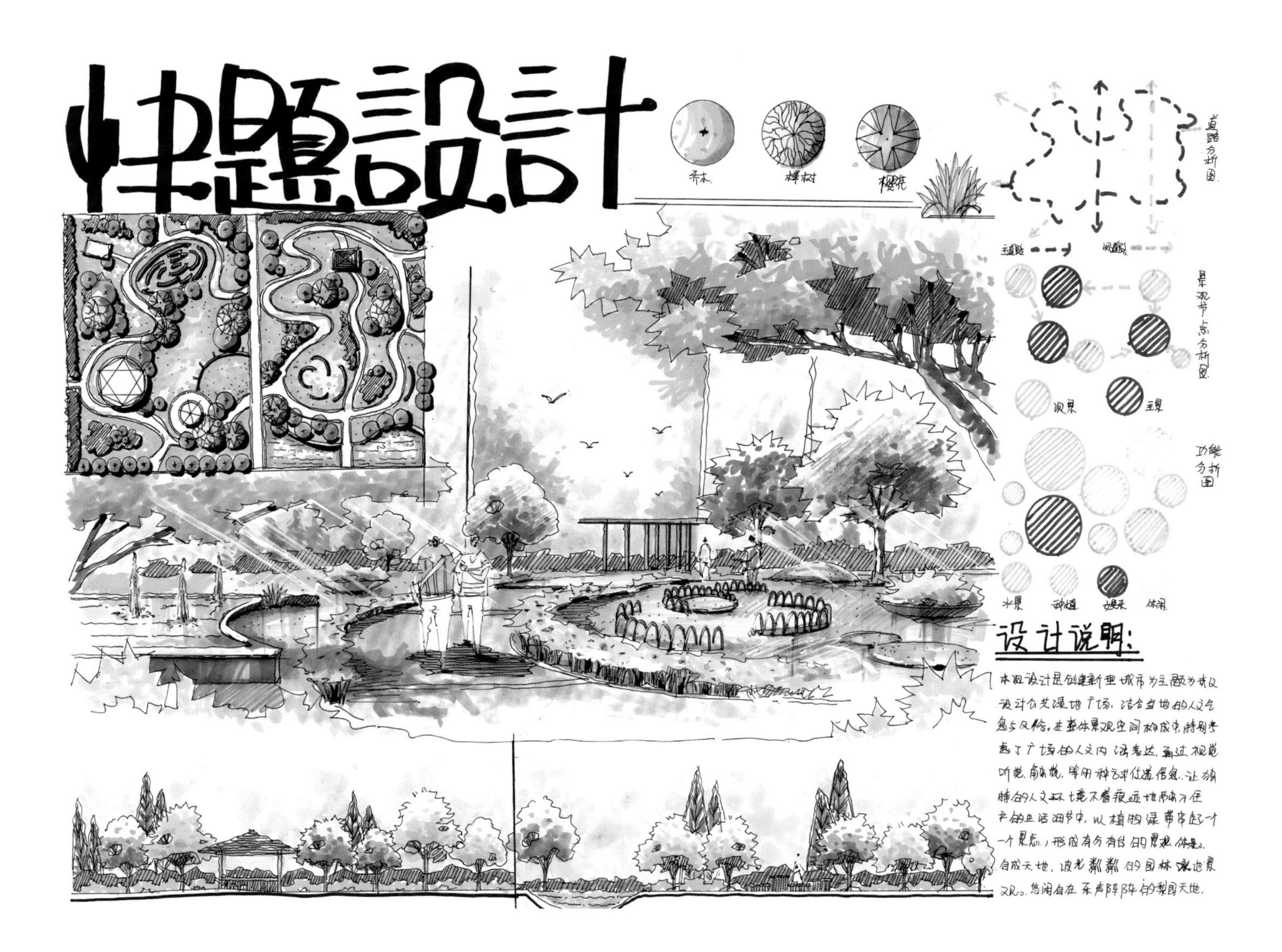

▲快题设计公共绿地广场景观（史芳蕾）

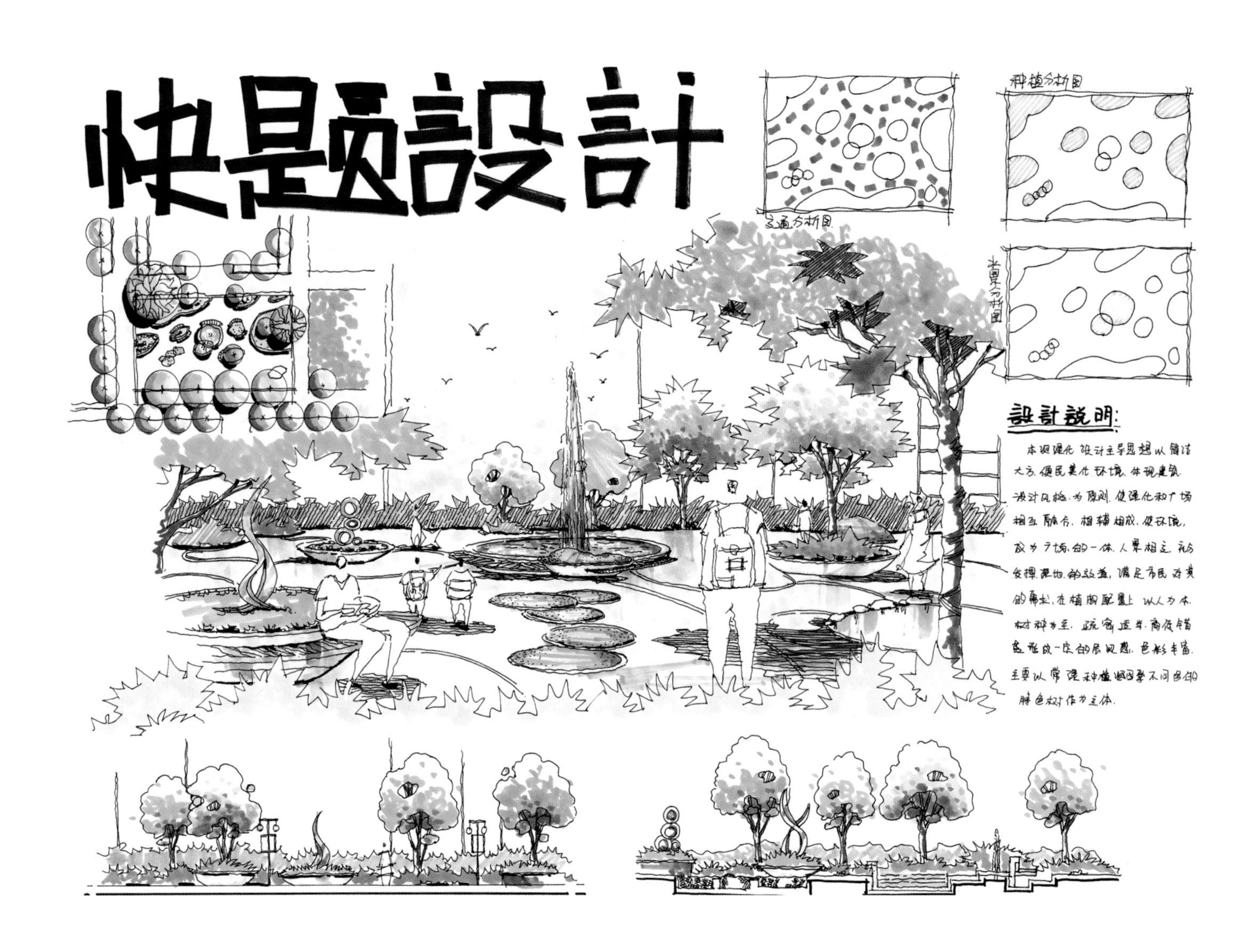

▲快题设计公共绿地广场景观（史芳蕾）

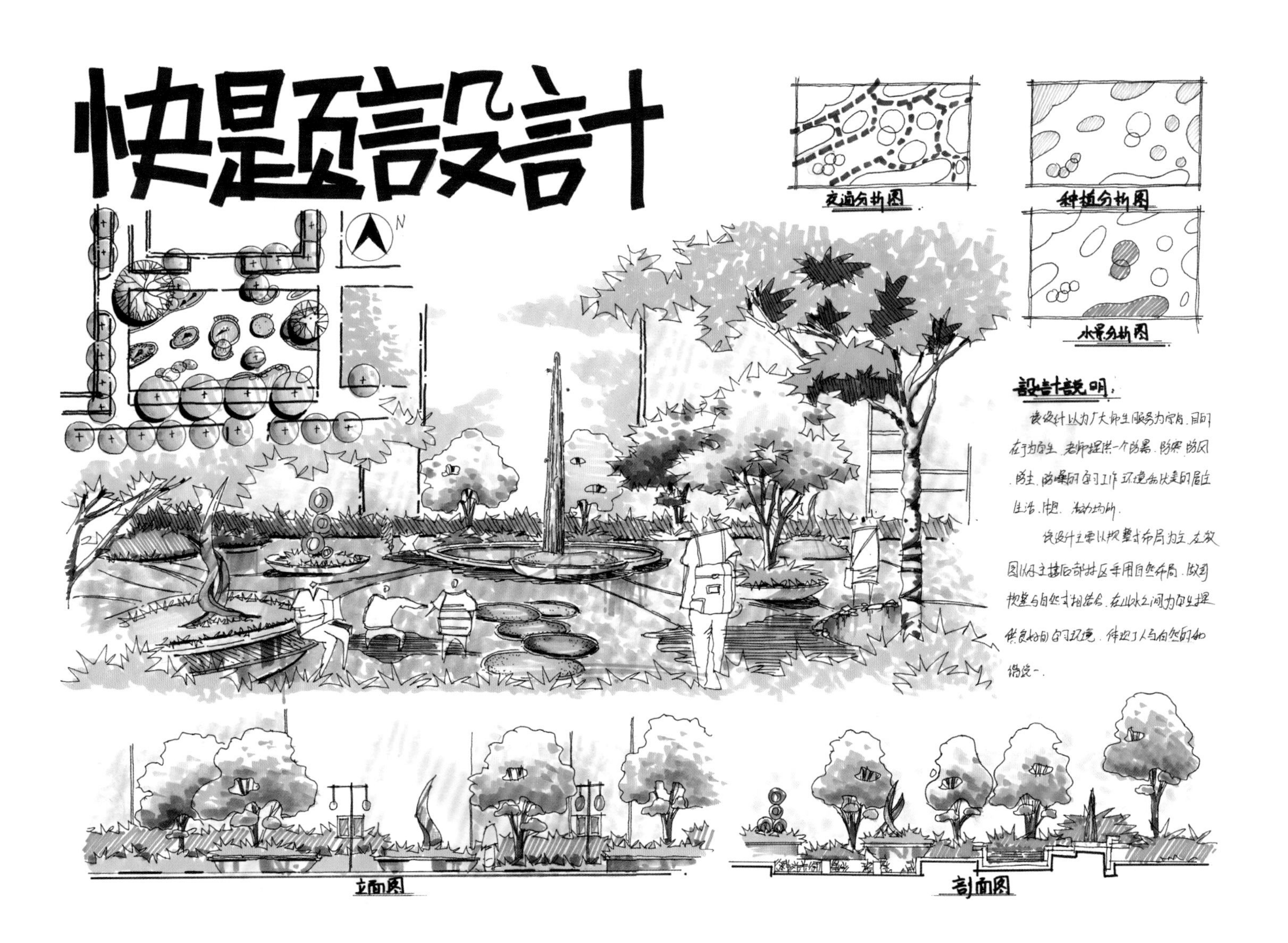

▲快题设计公共绿地广场景观（王雪逸）

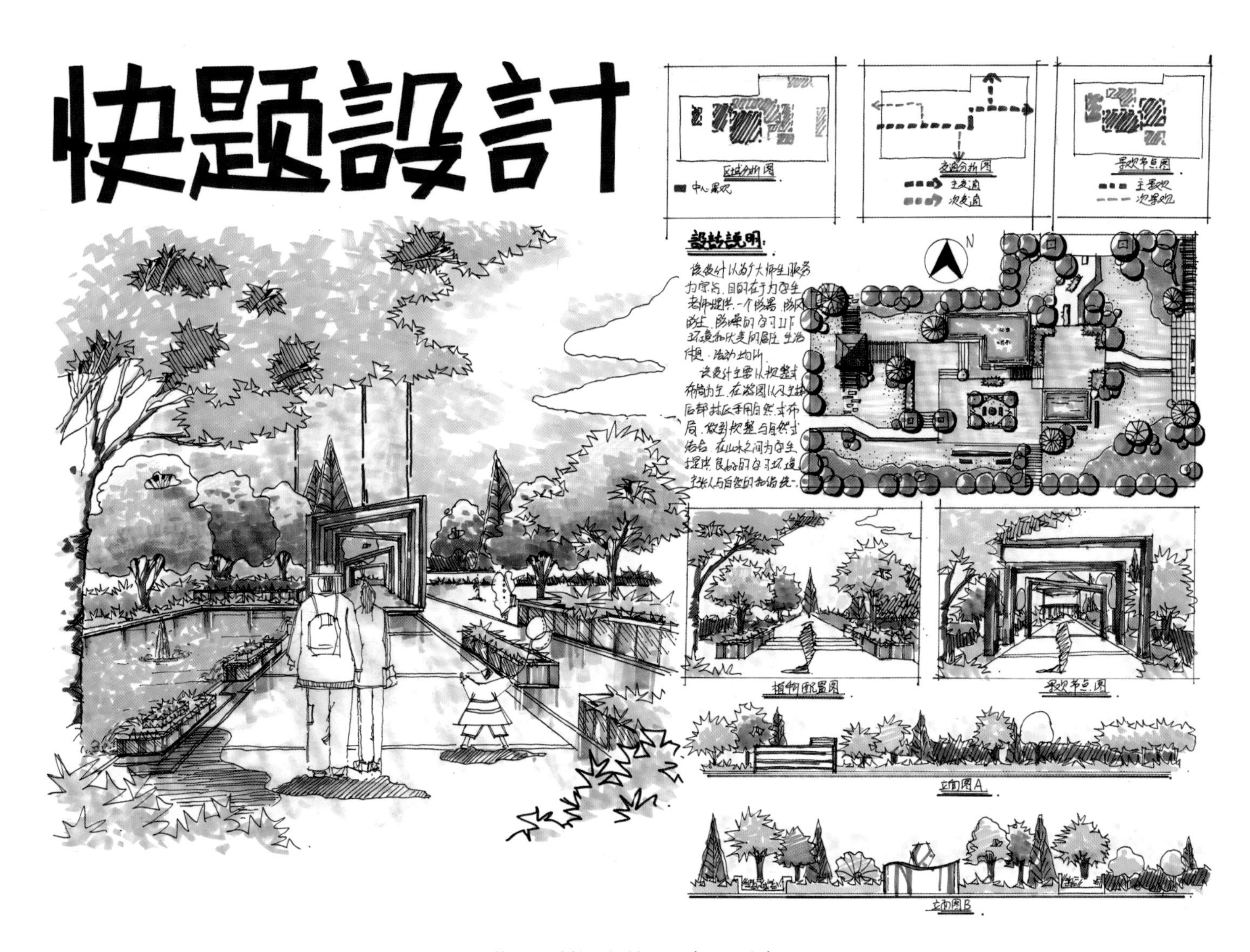

▲快题设计校园绿地景观（王雪逸）

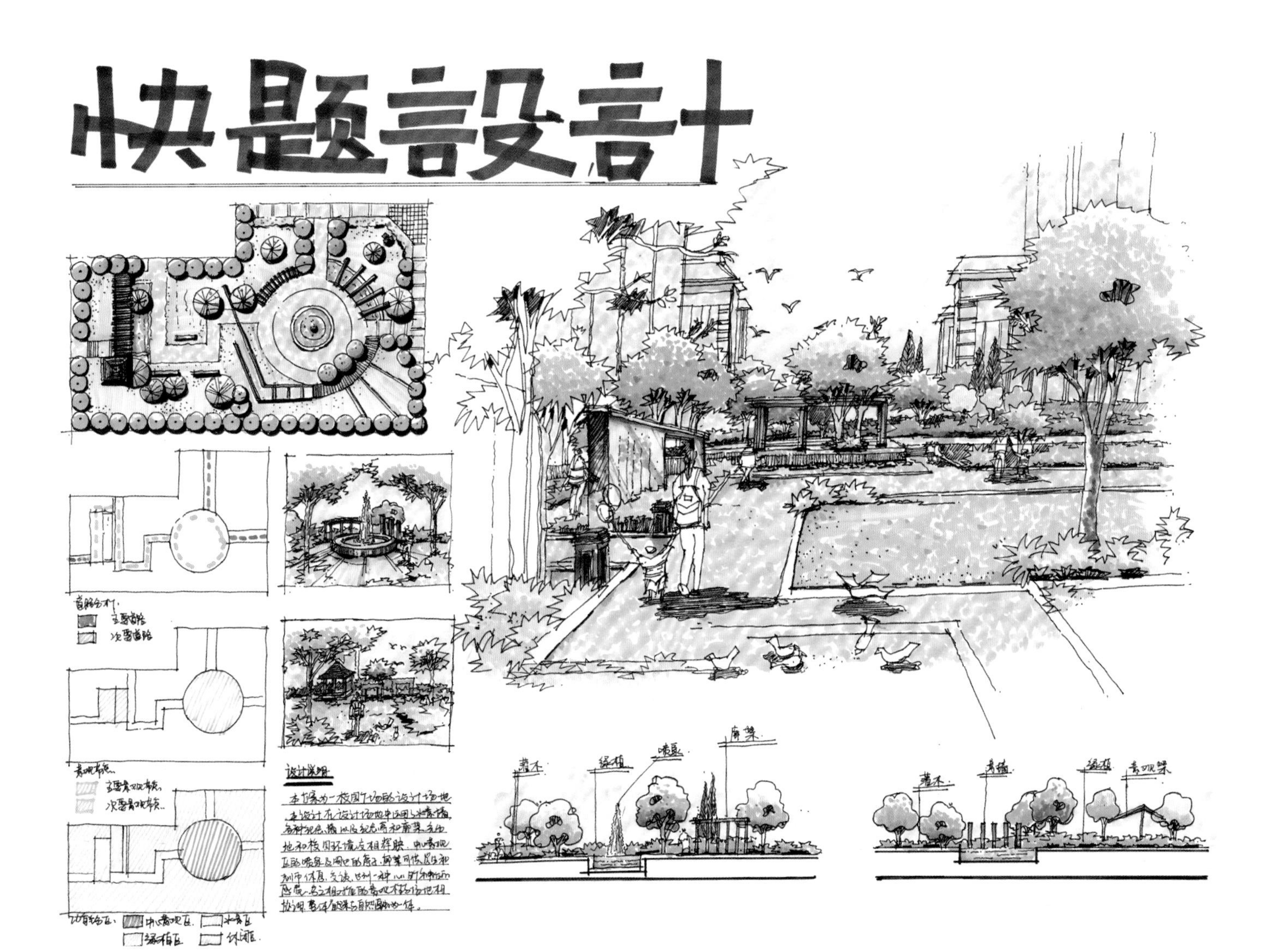

▲快题设计校园绿地景观（徐玉林）

城市绿地设计

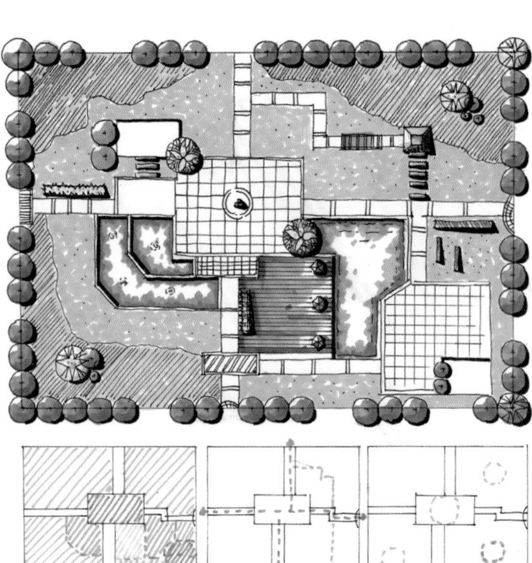

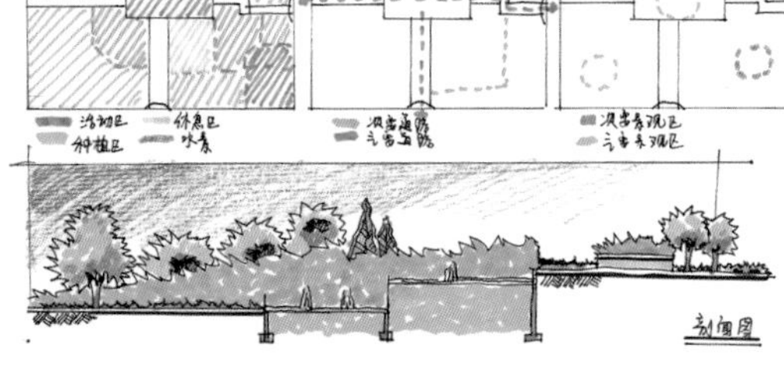

设计说明：

本方案为武汉一城市绿地设计，本场地100m×70m，是一块地势平坦的场地。本设计方案强调"以人为本"为城市市民提供一个集观赏、游玩的绿地设计，向外来游客展现本城市的历史文化与人文气息，和谐统一。

▲快题设计城市绿地景观（杨雅楠）

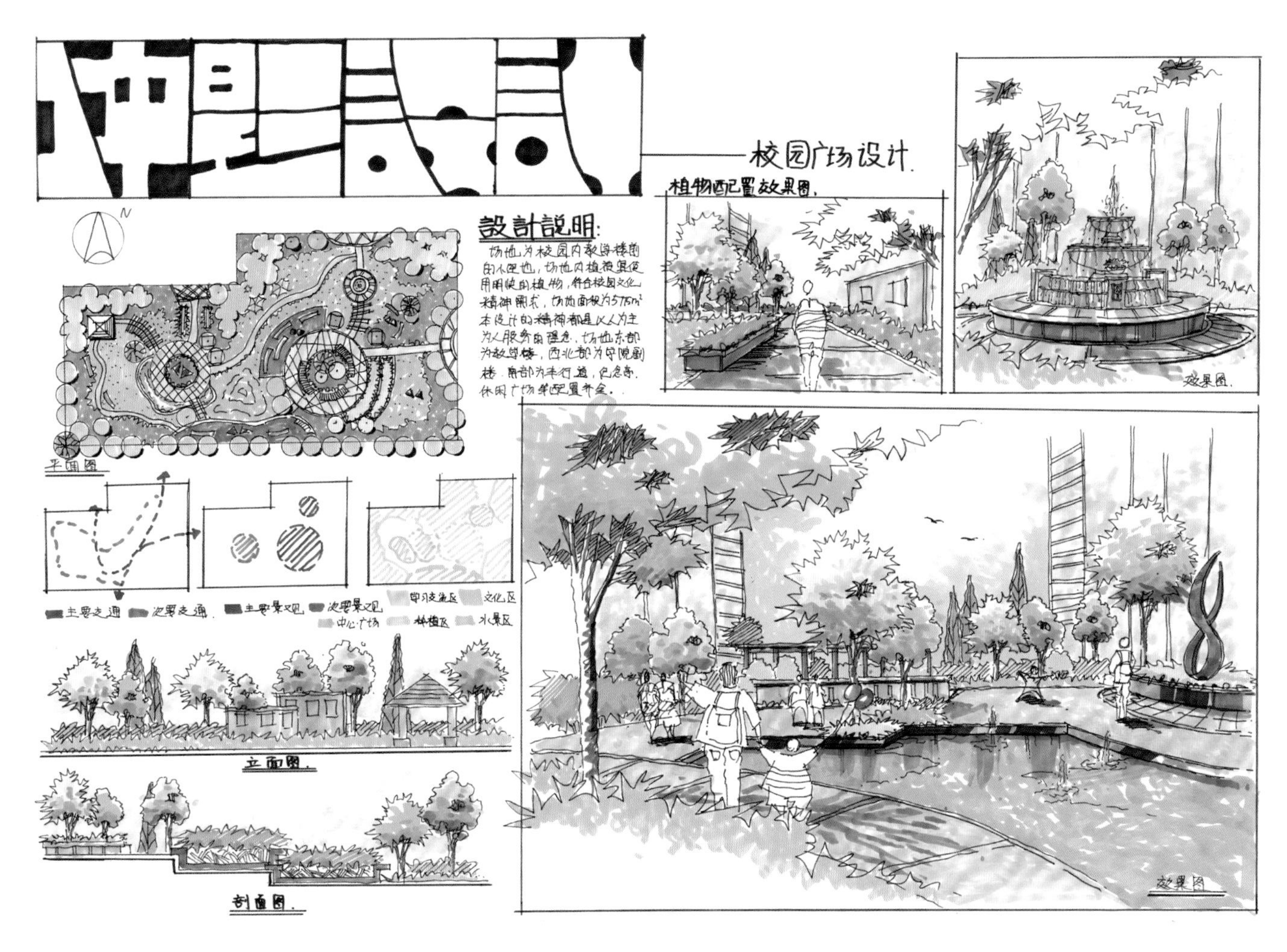

▲快题设计校园绿地景观（叶妍乐）

手绘贴士

点彩画法操作起来比较简单，主要依靠明暗关系来衬托效果，但是在着色过程中所花费的时间较长，应当预先多练习，对设计方案有明确构思后再上场考试。

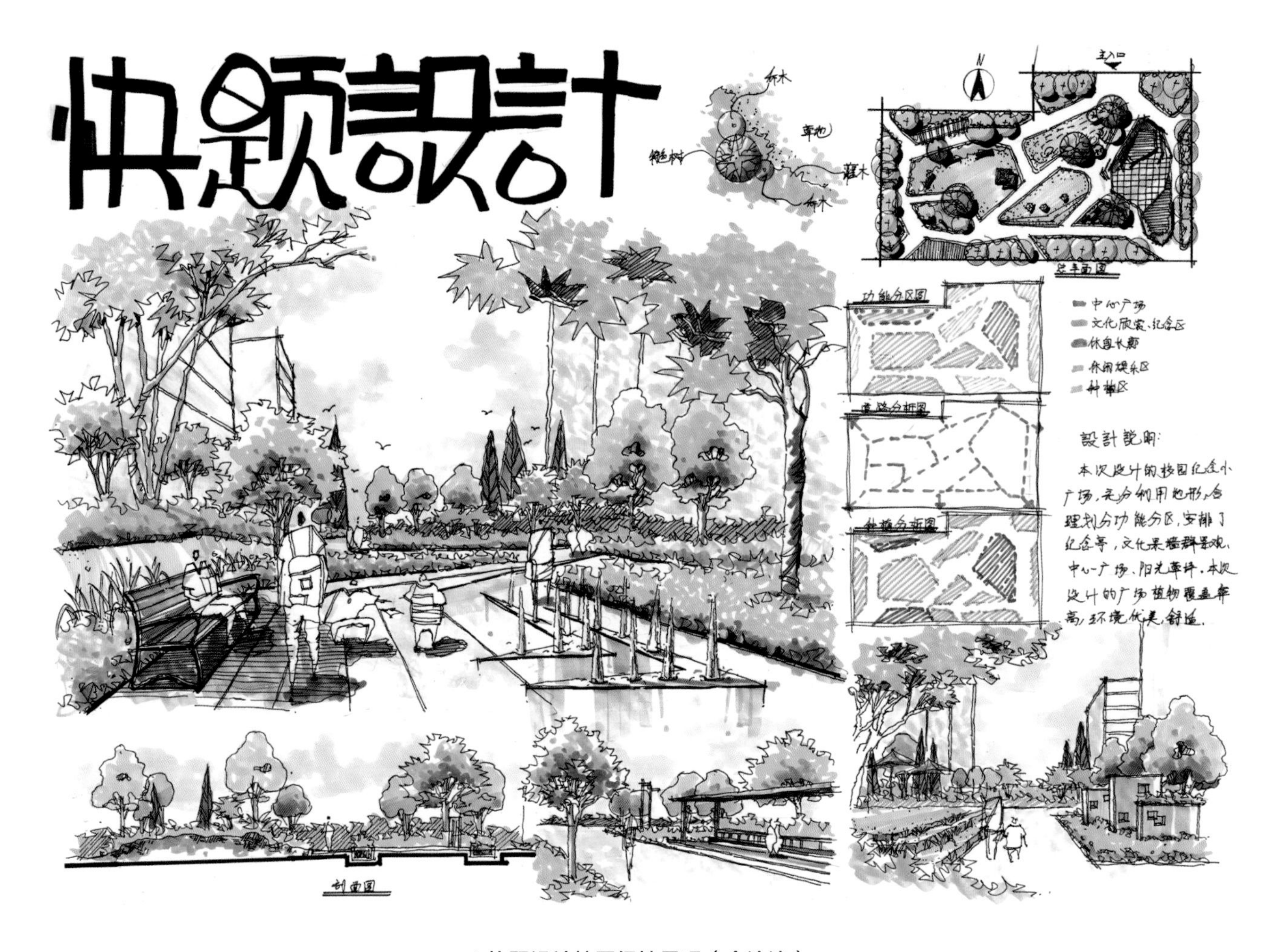

▲快题设计校园绿地景观（余汶津）

手绘贴士

景观快题设计创意主要分为三个步骤挖掘。

（1）建立结构。建立通过、休憩、活动、观景等空间，重视其中的对称、对景、收放等关系。

（2）设计地面。绿地是建筑基底和必要道路以外的空地。不能将绿地当成填补空地、让画面显得紧凑的补救手段。地面设计要集中起来，做成有规模、有深度的景观，包括铺装、喷泉、构筑物，甚至大尺度的人工湖。

（3）单体设计。单体设计也可以预先参考优秀设计作品，记忆一些具体的构造形体，在快题设计时可以直接套用。

以上三个环节都完成之后即可开始正式绘制效果图。

▲快题设计城市绿地广场景观（张若驰）

▲快题设计校园绿地广场景观（张若驰）

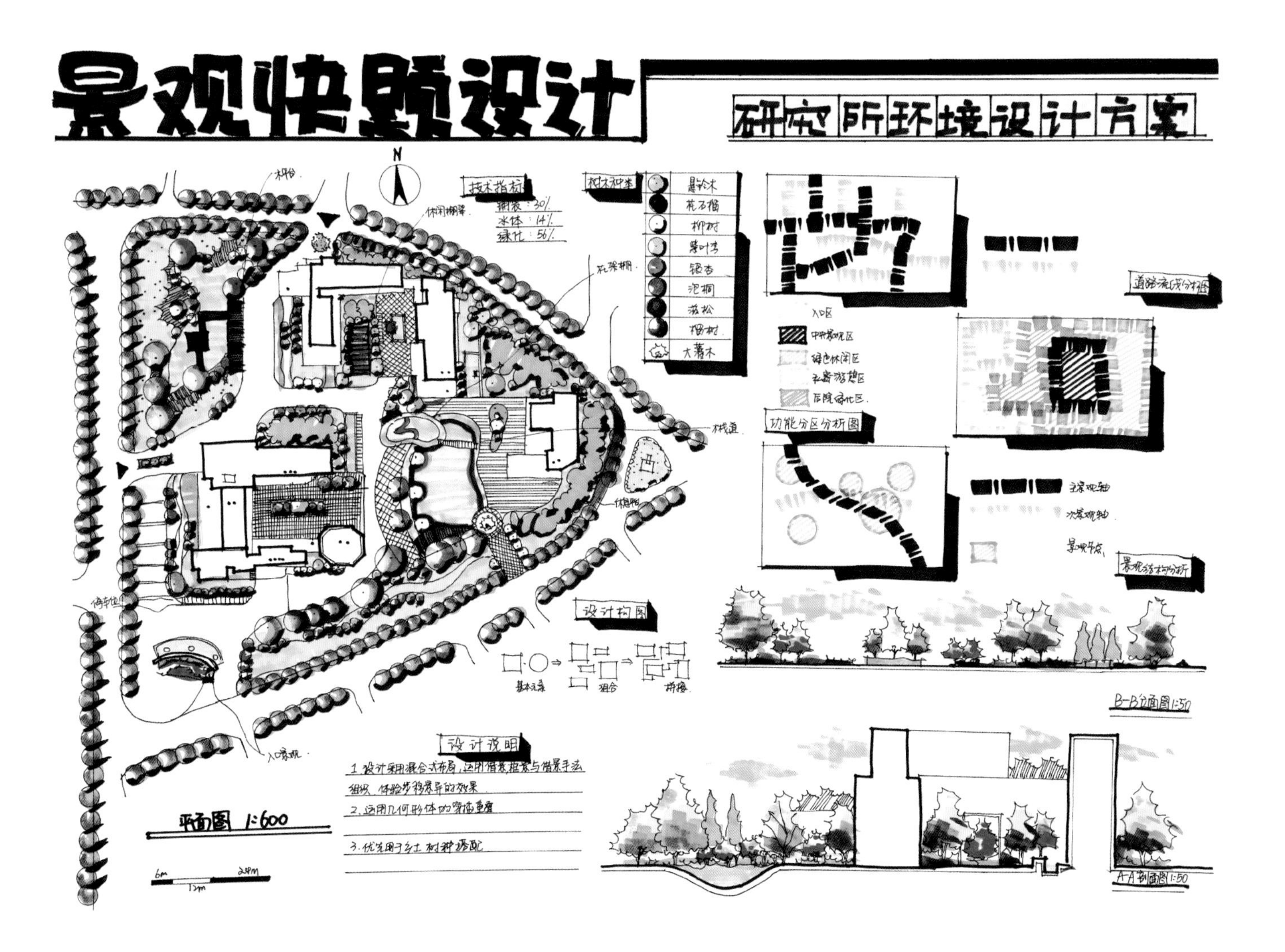

▲快题设计研究所景观（高宇展）

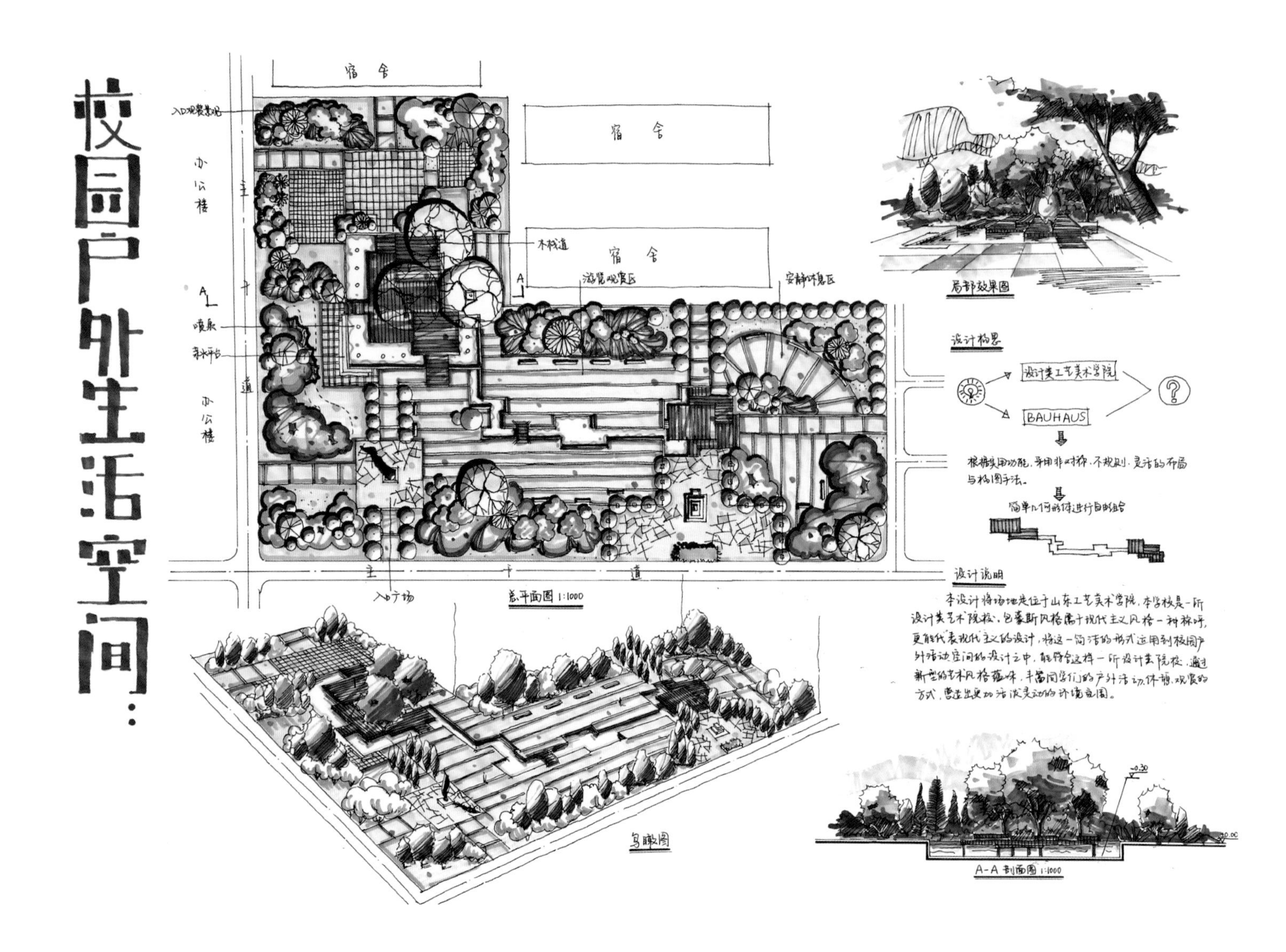

▲快题设计校园户外生活空间景观（李心雨）

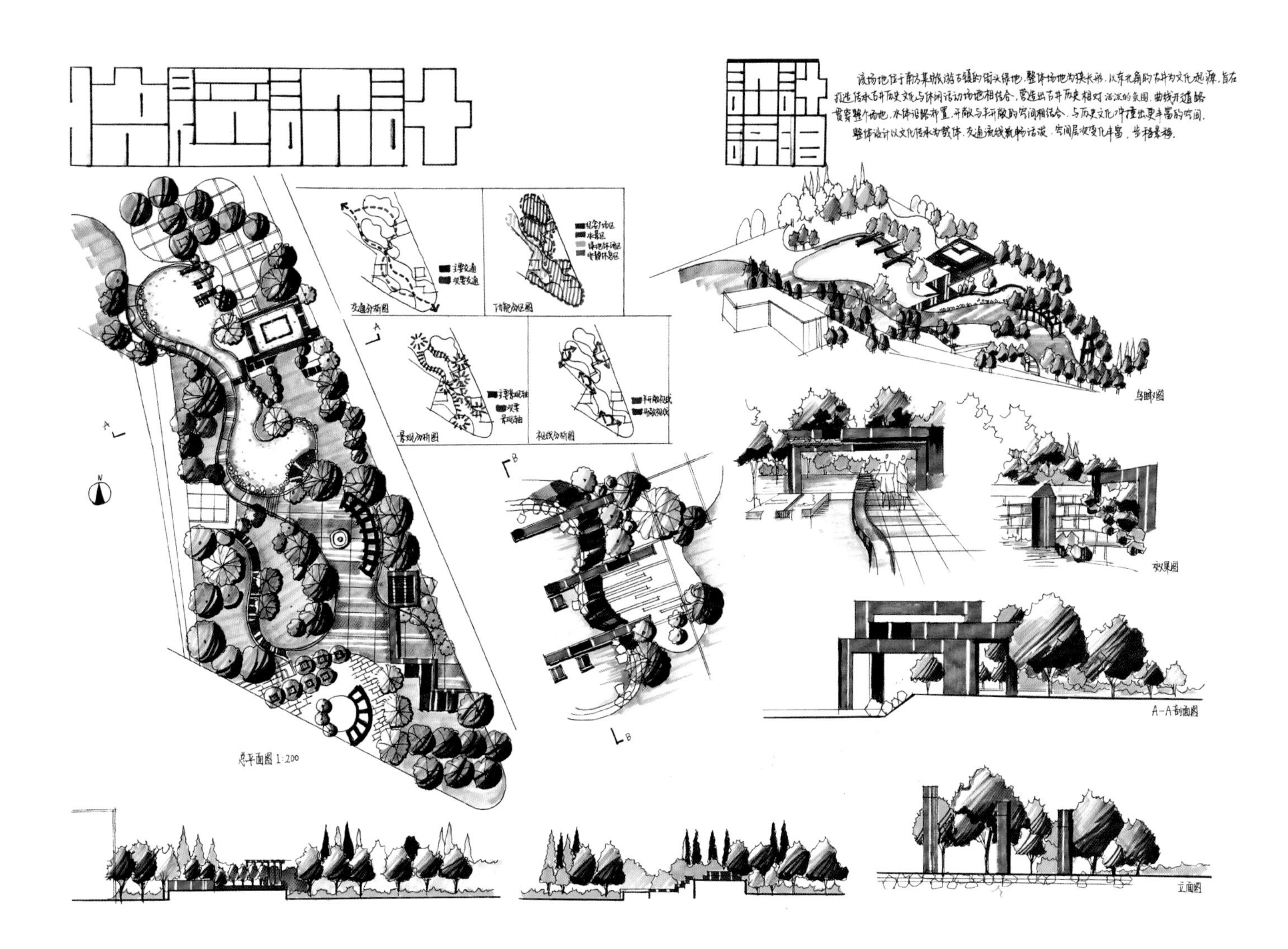

▲快题设计古镇街头景观（王泽铭）

外部空间设计

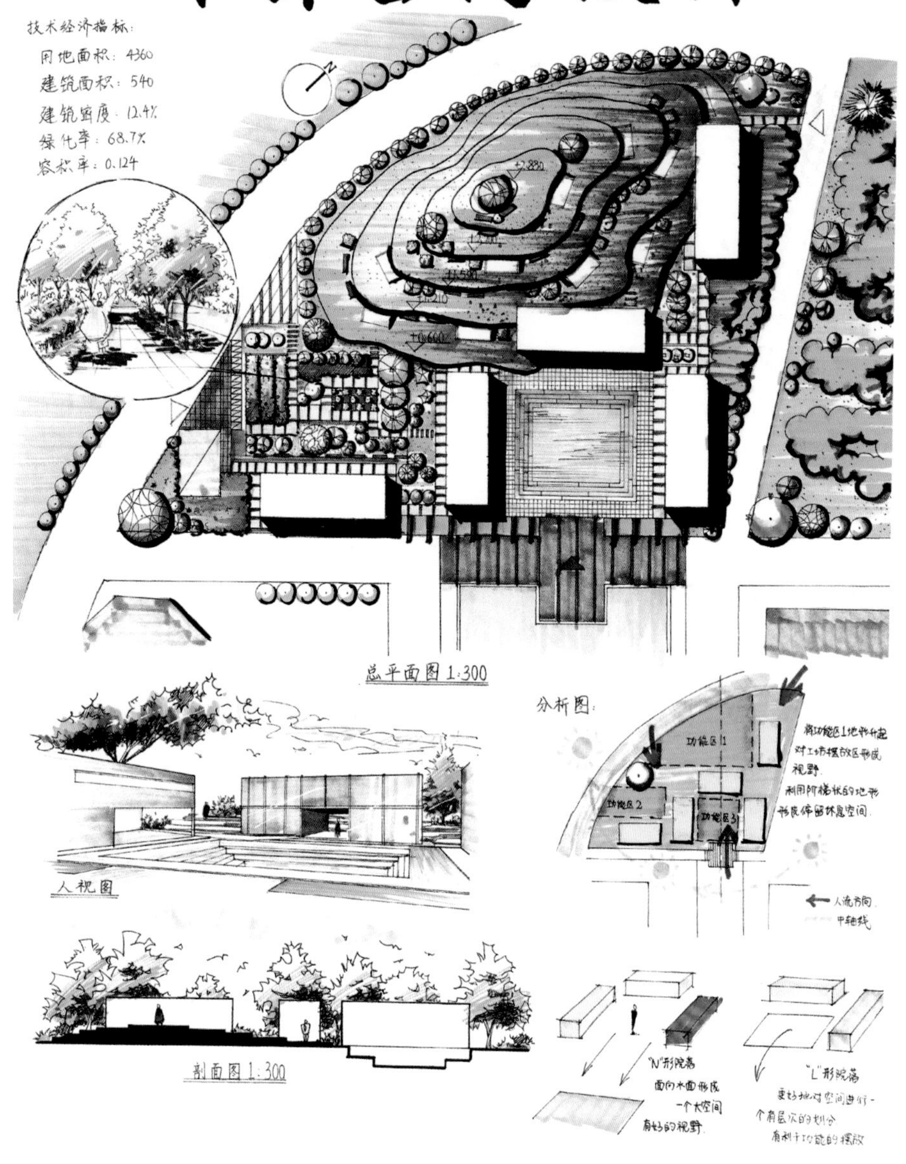

▲快题设计建筑外部空间景观（吴露）

花园景观设计

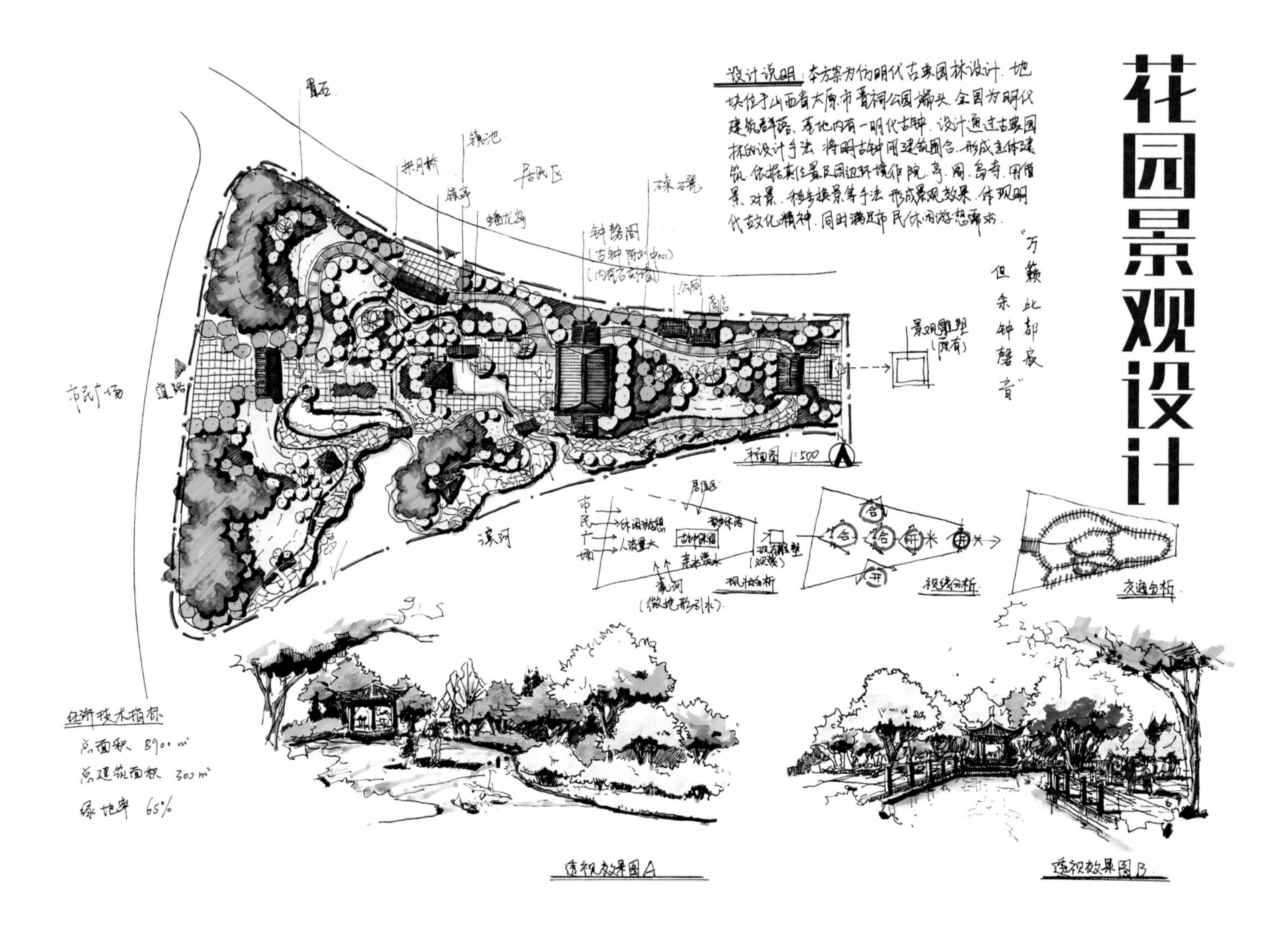

▲快题设计花园景观（谢鸿）

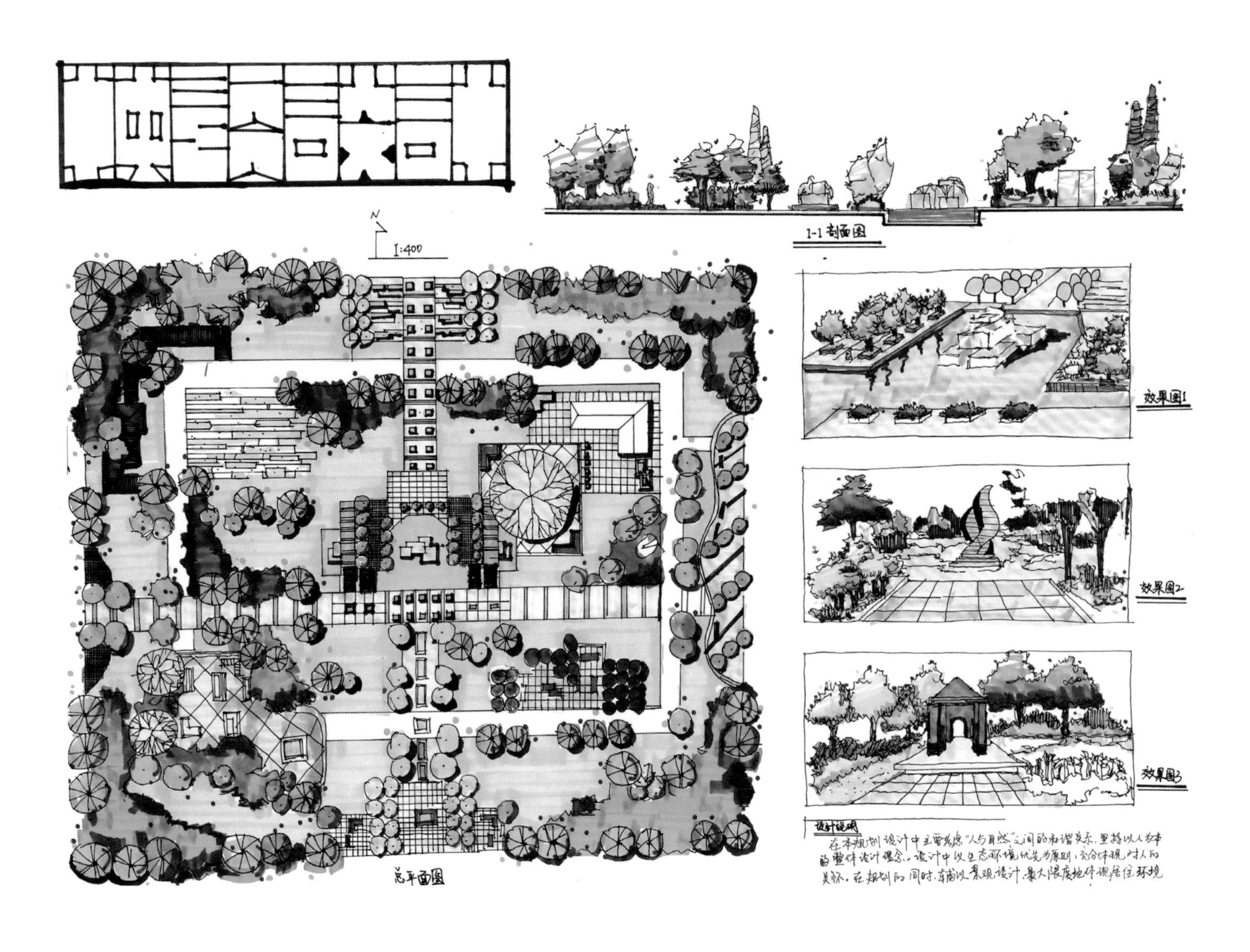

1-1 剖面图
N
1:400
效果图1
效果图2
效果图3
总平面图
设计说明
在本规划设计中主要考虑"人与自然"之间的和谐关系，坚持以人为本的整体设计理念。设计中以生态环境优先为原则，充分体现对人的关怀。在规划的同时，辅以景观设计，最大限度地体现居住环境

▲快题设计街头花园景观（余江涛）

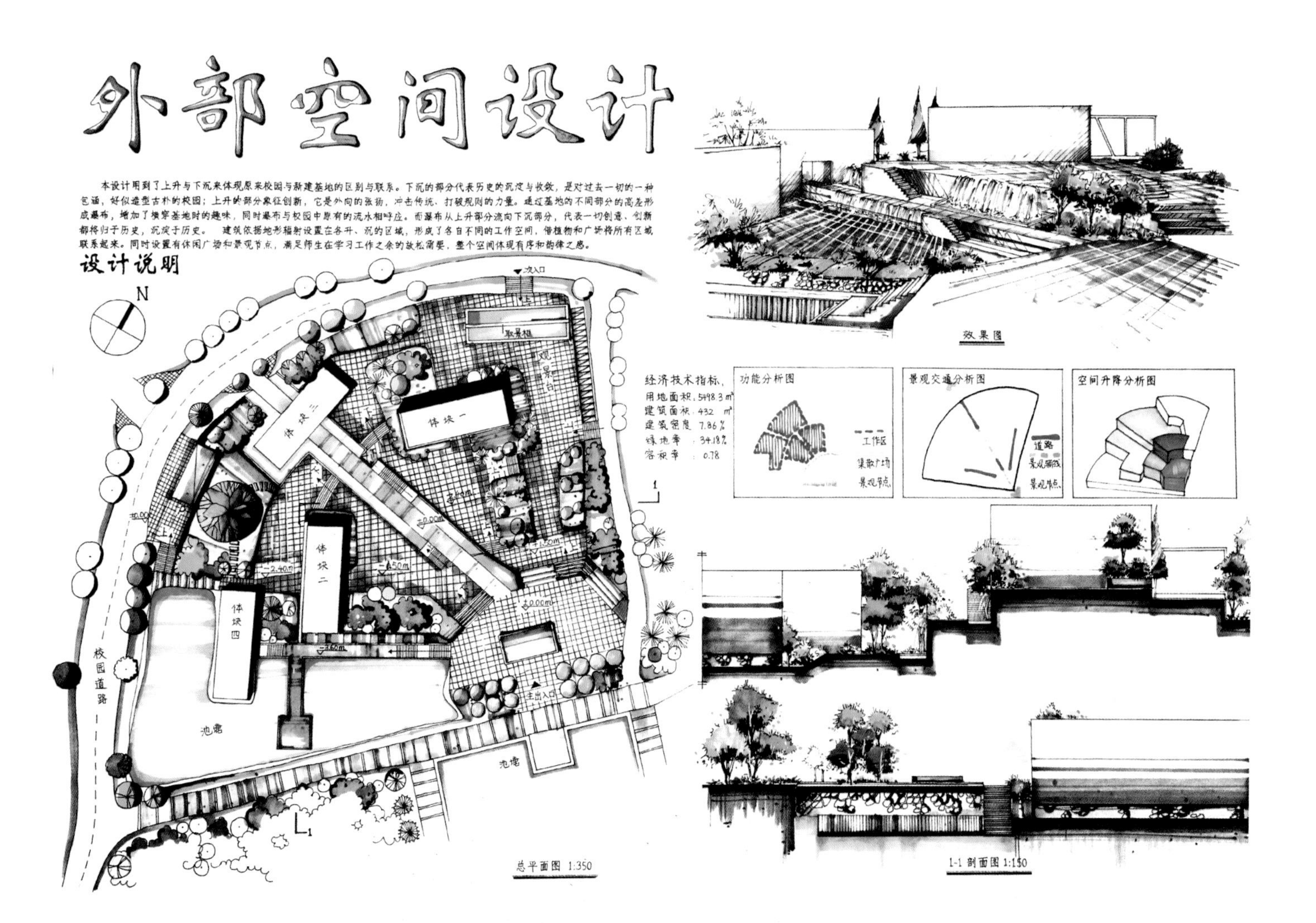
外部空间设计
本设计用到了上升与下沉来体现原来校园与新建基地的区别与联系。下沉的部分代表历史的沉淀与收敛，是对过去一切的一种包涵，好似造型古朴的校园；上升的部分象征创新，它是外向的张扬，冲击传统、打破规则的力量。通过基地的不同部分的高差形成瀑布，增加了横穿基地时的趣味，同时瀑布与校园中原有的流水相呼应。而瀑布从上升部分流向下沉部分，代表一切创意、创新都将归于历史，沉淀于历史。 建筑依据地形辐射设置在各升、沉的区域，形成了各自不同的工作空间，借植物和广场将所有区域联系起来。同时设置有休闲广场和景观节点，满足师生在学习工作之余的放松需要，整个空间体现有序和韵律之感。
设计说明
N
次入口
取景框
体块一
体块二
体块三
体块四
池塘
校园道路
主出入口
总平面图 1:350
效果图
经济技术指标，
用地面积：5498.3 m²
建筑面积：432 m²
建筑密度 7.86%
绿地率 ：34.18%
容积率 ：0.78
功能分析图
工作区
集散广场
景观节点
景观交通分析图
道路
景观节点
空间升降分析图
1-1 剖面图 1:150

▲快题设计建筑外部空间景观（钟港婷）

艺景设计手绘教育

艺景设计手绘教育成立于2011年，总部位于湖北省武汉市。艺景设计手绘教育以学生为本，追求勤奋、创新的教学理念，拥有精益求精的教学团队，为学习艺术设计和考研的莘莘学子提供优质的学习环境。9年来，已有上千名学员从艺景设计手绘教育满载而归。艺景设计手绘教育倡导因材施教，办学宗旨是：不求多，只求个个都是精英，让学员们真切感受到艺景设计手绘教育完善的教学系统。艺景设计手绘教育与武汉、上海、杭州、深圳、广州等地多家设计企业合作，为优秀学员提供广阔的就业机会，同时在教学过程中，让学员参与真实的设计项目，将理论教学与实践操作相结合。艺景设计手绘教育曾被多家媒体报道，并以优秀的教学成果赢得了设计行业的认可。

▲小班教学

▲大班教学

▲计算机辅助设计

▲拓展训练